PRINCÍPIOS DA MECÂNICA DOS SOLOS E FUNDAÇÕES PARA A CONSTRUÇÃO CIVIL

Blucher

Manoel Henrique Campos Botelho

PRINCÍPIOS DA MECÂNICA DOS SOLOS E FUNDAÇÕES PARA A CONSTRUÇÃO CIVIL

2ª edição ampliada

Texto escrito em
linguagem botelhana

Mesmo autor da coleção
Concreto Armado Eu Te Amo

Princípios da Mecânica dos Solos e Fundações para a Construção Civil

2ª edição ampliada

Editora Edgard Blücher Ltda.

Blucher

Rua Pedroso Alvarenga, 1245, 4º andar
04531-012 – São Paulo – SP – Brasil
Tel.: 55 (11) 3078-5366
contato@blucher.com.br
www.blucher.com.br

Segundo Novo Acordo Ortográfico, conforme 5. ed. do *Vocabulário Ortográfico da Língua Portuguesa*, Academia Brasileira de Letras, março de 2009.

Dados Internacionais de Catalogação na Publicação (CIP)
Angélica Ilacqua CRB-8/7057

Botelho, Manoel Henrique Campos
Princípios da mecânica dos solos e fundações para a construção civil / Manoel Henrique Campos Botelho. – 2. ed. ampl. – São Paulo: Blucher, 2016.
296 p. : il.

ISBN 978-85-212-1069-6

1. Mecânica do solo 2. Engenharia Civil 3. Fundações (engenharia) I. Título

16-0519 CDD 624.15136

Índice para catálogo sistemático:
1. Mecânica do solo

Conteúdo

Apresentação

Tenho escrito vários livros do tipo á-bê-cê para diferentes especialidades da Construção Civil. Meu primeiro livro com essas características foi *Concreto armado eu te amo*, hoje na oitava edição, com mais de 80 mil exemplares vendidos e adotado como livro-texto curricular em várias escolas de engenharia, arquitetura e tecnologia. Esse foi, portanto, um livro muito bem aceito. Tive, então, a ideia de escrever uma cartilha sobre o tema Mecânica dos Solos e Fundações, ampliada nesta segunda edição. Este é um livro do tipo á-bê-cê com a intenção de apresentar ao jovem leitor, estudante, tecnólogo ou engenheiro, de forma inicial, os principais assuntos da matéria. Convido o leitor a estudar, em sequência, os doutos livros.

Quero ser útil.

Manoel Henrique Campos Botelho,
Engenheiro Civil, formado em 1965
pela Escola Politécnica da Universidade de São Paulo
2016

Nota pessoal – Este autor foi alfabetizado com seis anos de idade utilizando a mais famosa cartilha da época, a famosa *Cartilha Sodré*. Ele sabe, portanto, a importância das cartilhas nos aprendizados. Tudo começou, para ele, com uma delas. Este livro é uma cartilha.

Colaboraram para a feitura deste livro os amigos e engenheiros:

Nelson Newton Ferraz e Emilio Paulo Siniscalchi

Pensamentos que orientaram a produção deste livro:

A) Navegando por mares didáticos, possivelmente nunca dantes navegados.

B) A jornada de mil passos começa com o primeiro...

C) Parafraseando o poeta Pablo Neruda:

Confesso que,
em velhos e novos livros,
em consultas a bibliotecas, livrarias e em alfarrabistas (sebos),
em consulta a colegas e profissionais da Construção Civil,
em sites da internet,
este autor muito garimpou.

Homenagem

À memória dos engenheiros geotécnicos Henylsio Coelho Botelho e Jason Pereira Marques, formados pela Escola de Engenharia Mackenzie. Com os dois, este autor muito aprendeu...

Carta aos professores de Mecânica dos Solos e Fundações e aos leitores. Convite para participação na ampliação deste trabalho

Este livro, *Princípios da Mecânica dos Solos e Fundações para a Construção Civil*, é uma obra aberta que procura caminhos didáticos e inovadores utilizando recursos de comunicação pouco usuais. Este autor, que, parafraseando o poeta Camões, pretende cursar mares didáticos dantes pouco navegados, entende que o objetivo desta obra é auxiliar os jovens estudantes e profissionais da Construção Civil a enriquecer sua compreensão de uma matéria tão bela...

Por tudo isso, este autor convida professores e profissionais a contribuírem com textos complementares, sempre dentro dos limites do trabalho. Cada texto deve ter, no máximo, dez páginas e acompanhar ilustrações e exemplos numéricos, pois o exemplo numérico é a luz da teoria. Claro está que, se aproveitado o texto, será dado o devido crédito de autoria.

O convite está feito.

Manoel Henrique Campos Botelho

PARTE I

FUNDAMENTOS

1 O que é e por que estudar a Mecânica dos Solos

Os seres humanos sempre se relacionaram com os solos. Ninguém construía abrigos ou casas em cima de lodaçais, pois estes afundavam. Construir abrigos e casas em terrenos mais firmes foi algo que a experiência repetida ensinou.

Com o passar do tempo, o homem percebeu que certos solos duros, mas que ficam moles com água – que eram chamados barro e que hoje, em uma linguagem erudita, chamamos solos argilosos – poderiam ser usados, desde que umedecidos, e até torneados, desde que com cuidado, virando peças de adorno, ou podiam ser usados, associados a outros materiais, na construção de casas. As nossas casas de pau a pique e certas casas da época do Brasil Colônia tinham suas paredes feitas de barro (solo argiloso) cru. Casas dessa época, construídas com barro socado, eram conhecidas como casas de taipa de pilão, pois eram apiloadas na construção de suas paredes.

Um dia, em épocas remotas, uma dessas peças deve ter caído em uma fogueira e, assim, nasceu um novo produto, a argila queimada, muito mais resistente que o barro cru. Nascia a tecnologia chamada cerâmica e, então, o homem começou a fabricar vasos, potes, pratos e outros objetos de adorno. Nós, brasileiros, temos, no norte do país, a famosa cerâmica marajoara que usava o solo argiloso para produzir peças também levadas ao forno (fogueira). A partir da cerâmica queimada nascem os tijolos, as moringas e as telhas.

Cerâmica Marajoara.

Com o surgimento do mais resistente tijolo nasceu a ideia de construir casas com dois ou até três pavimentos. Aí descobriu-se outra coisa.

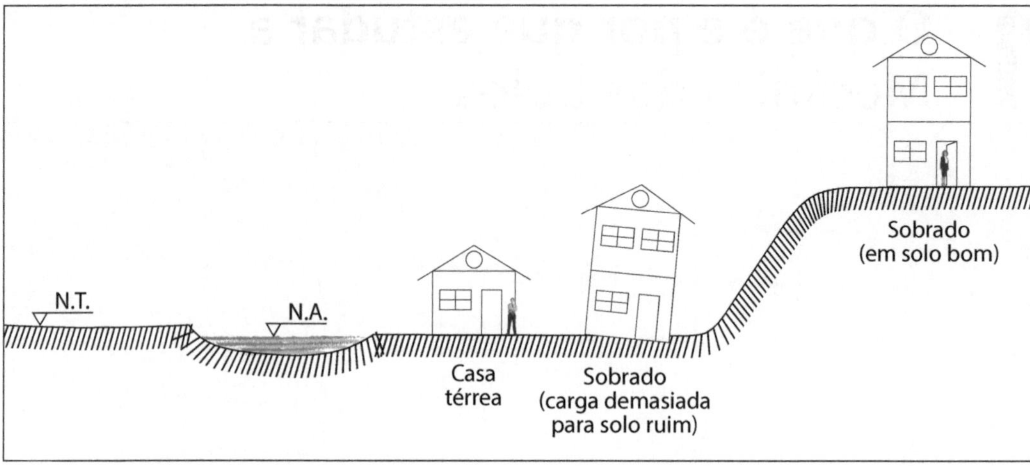

Casas com um só pavimento, como as casas de pau a pique ou térreas, em geral, podiam ser construídas em quase todos os locais secos. Quando a construção passa a ter vários pavimentos, alguns terrenos de apoio recalcavam (afundavam parcialmente), e, para resolver esse problema, surgiu a tecnologia das fundações.

Quando o homem começou a abrir estradas, outros problemas com os solos apareceram e, aí, a Mecânica dos Solos, então extremamente inicial, também começou a se desenvolver.

Por tudo apresentado, vemos a importância de estudar, nos cursos de Construção Civil, a relação entre o ser humano e o solo que o cerca.

2 Origem dos solos. A divisão por origem e por tipos: solos arenosos, solos argilosos e solos siltosos

Podemos admitir que o Planeta Terra era, em sua origem, coberto por rochas que, com o tempo e ações agressivas, foram progressivamente transformadas em material menos duro, em face da ação dos ventos, das águas e das variações térmicas. Classifiquemos, de forma extremamente simplificada, o material que cobre o planeta:

- solo – tudo de sólido e que pode ser movimentado, rompido por uma picareta;
- rocha – tudo de sólido que sobrou, ou seja, o que cobre a Terra, mas que em face de sua consistência, resiste à ação de uma boa picareta.

Logo, a expressão "solo rochoso" é incorreta, pois um terreno ou é coberto por rochas ou por solos. O certo é dizer "terreno rochoso" ou "terreno coberto por rocha".

Não vamos estudar as rochas, pois para estas existe a disciplina Mecânica das Rochas, que está fora do nosso escopo. Vamos focar os solos e estudá-los.

Diferentemente da Geologia, que estuda, com minúcias, a composição e a origem dos solos, com uma enorme lista de classificações, a Construção Civil faz, na esmagadora maioria das vezes, um estudo extremamente simplificado e até grosseiro dos solos e os divide exclusivamente pelo tamanho e constituição dos seus grãos, como:

- solos arenosos – de grãos maiores e até perceptíveis com o roçar da mão;

Nota – A chamada terra roxa (vermelha) que cobre parte dos estados do Mato Grosso, de São Paulo e do Paraná, ótima para a cultura do café, é um exemplo de solo argiloso.

- solos argilosos – de grãos muito pequenos, não individualizáveis ao tato. Quando secos, seus torrões são bem resistentes, exigindo certo esforço para se fazer uma desagregação pelo apertar dos dedos da mão;
- solos siltosos – que se classificam entre os dois, estando, por suas características, mais próximos dos solos argilosos. Quando secos, seus torrões são facilmente desagregáveis pelo apertar dos dedos.

A Associação Brasileira de Normas Técnicas (ABNT) tem uma classificação dos solos, apresentada a seguir:

Escala ABNT – tamanho das partículas				
Argila	Silte	Areia fina	Areia média	Areia grossa
	0,005	0,05	0,42	2 mm →

Todos nós reconhecemos os três tipos de solos:

- solo arenoso – por exemplo, o solo das praias. Pegando-se um pouco de areia nas mãos, é possível ver e sentir cada grão. Nunca nos esqueçamos dos Lençóis Maranhenses, MA;
- solo argiloso – ande em uma estrada de terra em um dia de sol e onde as marcas da passagem de outros carros moldou com protuberâncias o pavimento de terra anteriormente úmido. Aí o solo é, com certeza, argiloso, ou solo com predominância de argila;
- solos siltosos – também se encontram nas estradas.

Lençóis Maranhenses, MA. Solos arenosos.

Vejamos as utilidades desses três tipos de solo:

- solo arenoso – usado quando se precisa drenar um local, pois sua permeabilidade é alta;
- solo argiloso – usado nos corpos de barragem de terra; cozido é, ainda hoje, usado na fabricação de objetos domiciliares, como vasos, moringas, pratos, tijolos, telhas etc.;
- solo siltoso – é parecido com o solo argiloso. Há casos em que os solos siltosos são usados em locais nos quais a tradição mandaria usar solo argiloso. A barragem de Paraibuna, no Estado de São Paulo, tem seu maciço construído de solo siltoso.

Para casos mais comuns, que são os que nos interessam em Mecânica dos Solos, o detalhamento geológico dos materiais da crosta da terra e de seus usos na engenharia não é feito. Mas há casos em que esse detalhamento é necessário. No metrô de uma cidade descobriu-se que as pedras que serviam de lastro para os dormentes do trem estavam se gastando em pouco tempo. As pedras que estavam em uso eram calcárias. As pedras calcárias foram trocadas por pedras quartzosas (muito mais resistentes) e tudo se resolveu.

Na localidade de Vila Velha, PR, podem-se ver grandes maciços de pedra, de extrema beleza, que, em um passado muito distante, transformaram-se, parcialmente, em pedra e areia graças à ação dos ventos e das águas. Na Praia de Jericoacoara, no Ceará, pode-se ver o efeito dos mares sobre maciços rochosos que, em face da ação das águas, são erodidos e se transformam em pedras e areia.

Há, por vezes, o interesse em saber a origem geológica dos solos. Vamos dividir os solos em:

- solos residuais – são oriundos da desintegração de rochas, e nesse local, ficam depositados. São solos que não são transportados. Por isso, a homogeneidade de amostras em um determinado local é grande.
- solos transportados ou denominados solos sedimentares – são aqueles que, depois da desintegração das rochas, são transportados pelo vento, pelas águas, pela gravidade e outros meios de condução. Em face dessa origem, as características desses solos em um local variam bastante de amostra por amostra.

Classificação do Massachusetts Institute of Technology (MIT)							
Argila	Silte			Areia			Pedregulho
	Fino	Médio	Grosso	Fina	Média	Grossa	
0,002			0,06		0,6	2 mm	

Morro do Pão de Açúcar – um exemplo maravilhoso de rocha.

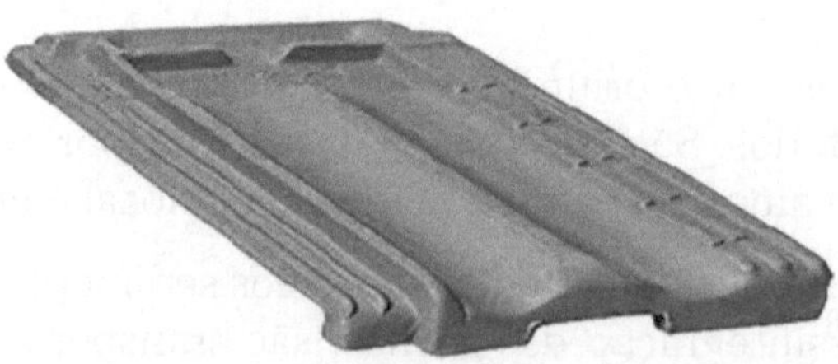

A famosa telha tipo Marselha (francesa) – argila queimada em forno.

Uso da argila

Extrai-se do chão o barro (argila). Ajusta-se a umidade. A mistura úmida vai para pequenas formas e, então, molda-se o tijolo, que é posto para secar ao ar livre. Depois, o tijolo seco vai para o forno à lenha, e se transforma em uma peça cerâmica mais resistente.

Casa na África usando estruturalmente argila (barro cru) e madeira. Na região chove pouco.

Anote, comente, desenhe...

3 Ensaios em laboratório de solos

Apresentemos alguns dos principais ensaios que são realizados em laboratórios de Geotecnia (Mecânica dos Solos) e de Engenharia de Fundações. Vamos entendê-los conceitualmente – como são feitos e por que são feitos –, ou seja, para que servem seus resultados.

Todos os ensaios no mundo da tecnologia têm de atender a vários objetivos:

a. devem resultar em dados que sejam úteis para representar a natureza;

b. devem ser reproduzíveis, ou seja, com amostras do mesmo corpo em estudo, fazendo-se os ensaios em dois laboratórios, os resultados devem ser bem próximos;

c. para bloquear a influência humana, a formulação do teste deve ser bem detalhada e usar condições e aparelhos semelhantes aos de outros laboratórios.

3.1 Análise tátil-visual de amostras de solo, provenientes de sondagens

As amostras de solo provenientes da escavação no campo (sondagens a percussão e, às vezes, sondagens a trado) são enviadas e analisadas em laboratório visualmente e pelo roçar da mão, por um profissional com experiência, para definir o tipo de solo.

As conclusões dessa análise são transcritas na folha de resultado de sondagens.

Normalmente, o laboratório guarda, por certo tempo, as amostras para fazer um exame posterior de contraprova.

Análise tátil-visual dos solos.

3.2 Peso específico do solo

Pega-se uma amostra do solo e verifica-se a relação:

$$\gamma = \text{peso do solo/volume da amostra,}$$

que será o peso específico do solo.

Exemplo de peso específico de um solo:

$$2{,}2\ \text{t/m}^3 = 2{,}2\ \text{g/cm}^3.$$

3.3 Peso específico dos sólidos do solo

Conhecido o peso específico do solo, pode ser interessante conhecer o peso específico não do solo, mas sim de sua parte de sólidos (portanto, exclusa a água). A partir de uma amostra do solo retira-se a água (desidratação pelo calor) ficando só a parte sólida e mede-se o peso específico desses sólidos.

$$\gamma = \text{peso dos sólidos/volume da amostra seca}$$

Exemplo – peso específico dos sólidos do quartzo:

$$2{,}7\ \text{t/m}^3 = 2{,}7\ \text{g/cm}^3.$$

3.4 Umidade

A partir de uma amostra do solo, mede-se o teor de água M1 dessa amostra e mede-se a quantidade de solo M2 dessa amostra, resultando:

$$\text{Umidade} = \text{M1/M2}$$

3.5 Ensaio de peneiramento

A partir de uma amostra de um solo e um conjunto de peneiras com várias aberturas padronizadas e com orifícios de tamanho decrescente de cima para baixo, lança-se o solo nessas peneiras ficando retida em cada peneira uma quantidade de solo, dependendo da sua granulometria. O objetivo do ensaio é exatamente saber a variação da granulometria da amostra, com base na quantidade de solo que cada peneira reteve. As peneiras retêm a parte arenosa da amostra.

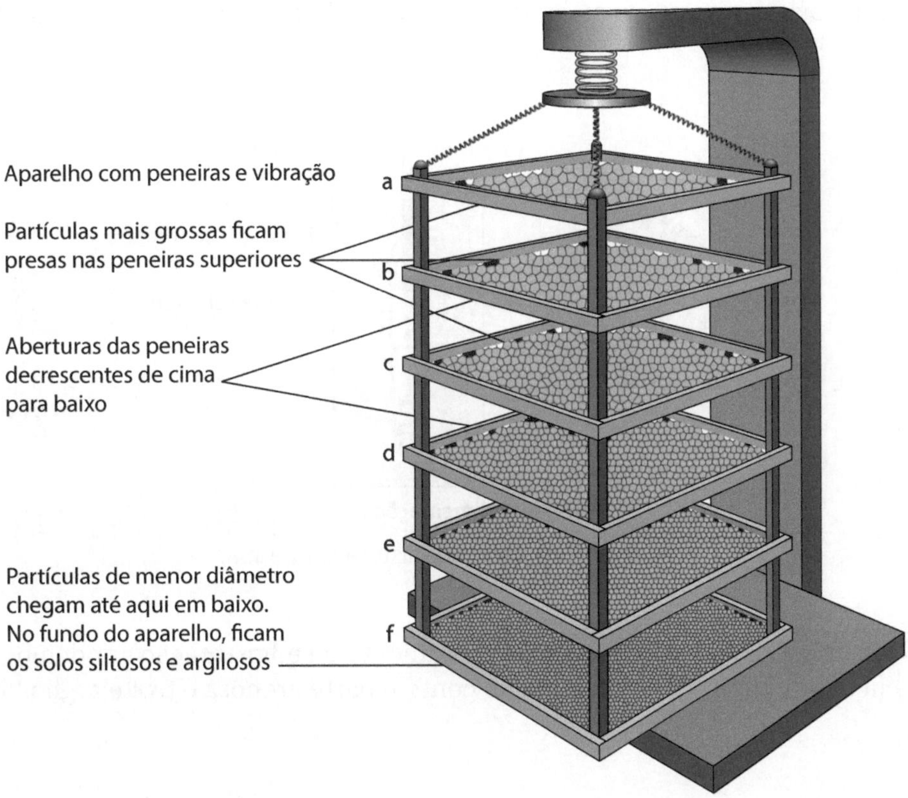

Aparelho com peneiras de orifícios sucessivos.
As de orifícios maiores ficam na posição superior.

Aparelho de separação granulométrica é formado por muitas peneiras com furos de diâmetros crescentes de baixo para cima.

Para amostras de solo argilosos e siltosos, pelo pequeníssimo diâmetro dos grãos, esse tipo de teste não separa suas partes constituintes.

3.6 Ensaio de sedimentação

Solos argilosos e siltosos, em face do fato de todas as suas partículas serem de pequeníssimos diâmetros, não permitem separação por peneiramento. Usa-se, então, para classificar os solos argilosos e siltosos, o ensaio de sedimentação.

Joga-se a amostra com solo a estudar em um recipiente de vidro e água dotado de um densímetro. Vale o princípio de que partículas maiores afundam mais rápido e as partículas de menores diâmetros demoram mais para sedimentar. O densímetro, conforme sua posição, vai medir a concentração de sólidos nas posições mais altas e, depois, nas posições mais baixas, resultando a composição da amostra.

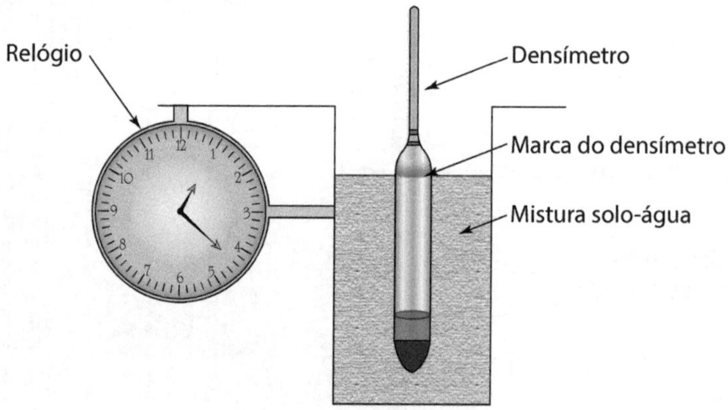

Teste de sedimentação

Medir a densidade da mistura solo-água.

Com os dados dos dois testes (peneiramento e sedimentação) podemos compor a curva granulométrica do solo que contém parte arenosa e parte argilo-siltosa.

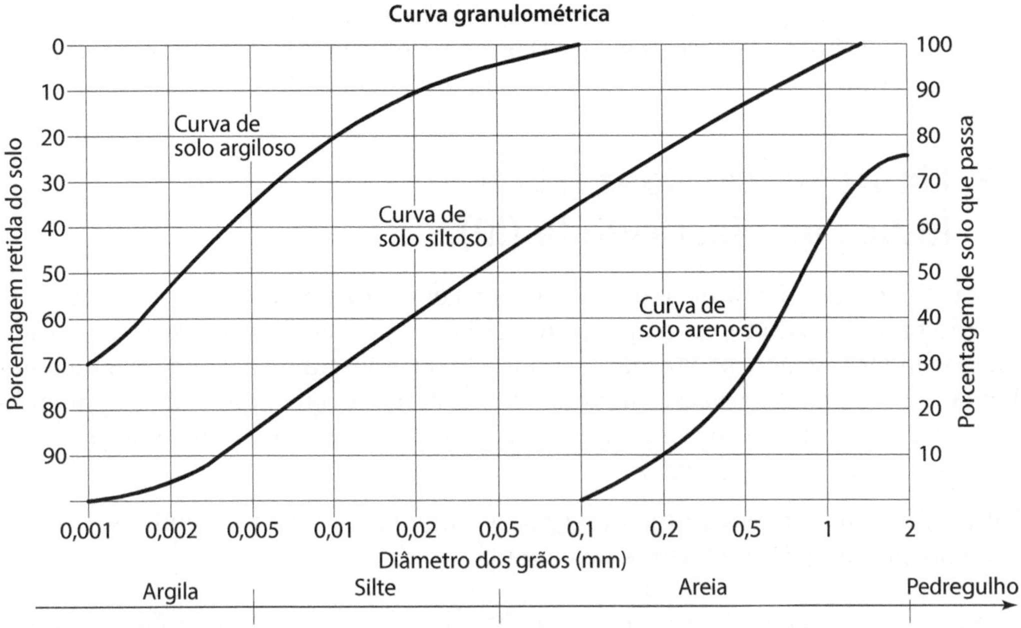

Gráfico demonstrativo dos tipos de solos: argiloso, siltoso e arenoso.

3.7 Ensaio de permeabilidade

Esse ensaio produz a medida de um coeficiente **k** que mede a permeabilidade de um solo a partir dos dados de uma amostra desse solo. A tabela a seguir mostra com extrema clareza como variam as permeabilidades dos solos.

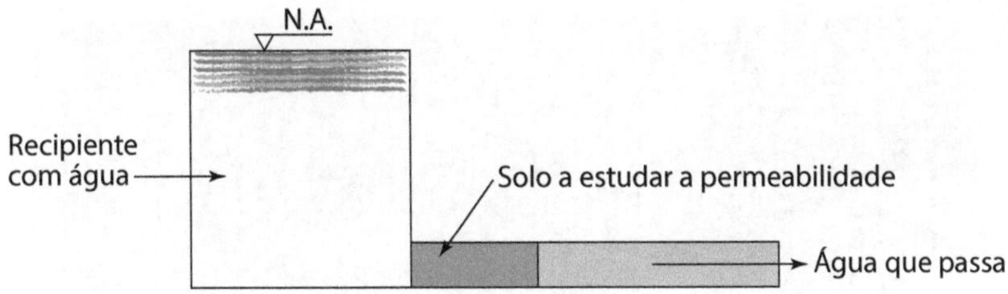

Resultados k (cm/s)				
10^{2}	10^{-2}	10^{-4}	10^{-8}	10^{-12}
Pedregulho	Areias puras	Areias finas e siltes	Argilas	Concreto

Como comparação, uma peça de concreto bem dosado tem coeficiente $k = 10^{-12}$. Esse teste recebe o nome de Teste de Darcy. Ver o volume 2 da *Mecânica dos Solos e suas Aplicações*, de Homero Pinto Caputo, página 57.

3.8 Limite de Liquidez (LL) e Índice de Plasticidade (IP)

Os dois testes LL e IP fornecem dados usados em várias obras de terra, como projetos de barragens de terra, e procuram medir a deformabilidade dos solos do seu maciço em face de ações externas. A umidade da amostra de solo em exame é um elemento decisivo. As areias tem Índice de Plasticidade (IP) nulo, ou seja, quando secas não têm forma. Um nome de profissional de solos é o do engenheiro sueco Atterberg, criador desses testes.

Nota – Aspectos de estruturas de argila e a umidade feitas por animais, como o ninho do pássaro joão-de-barro e dos cupins.

No seu precioso livro *Estruturas da Natureza*, o engenheiro Augusto Carlos de Vasconcelos (Editora Studio Nobel), na página 98 e seguintes, falando sobre o ninho do joão-de-barro, conta:

> a ave procura um lugar onde existe barro úmido, preferencialmente vermelho, aceitando eventualmente o barro marrom. Usa obviamente sua saliva para garantir a consistência desejada. Foi também notado que a ave acrescenta às vezes alguma fibra vegetal à mistura, (saliva + argila) talvez com a finalidade de reduzir trincas por retração da argila durante a secagem (do ninho). (Os trechos entre parênteses são de M. H. C. Botelho.)

Ninho do joão-de-barro.

Sobre as construções dos cupins, na página 148, o professor Vasconcelos escreve:

> A argila é moldada enquanto está úmida e misturada com a saliva do próprio cupim, que age como um aglomerante.

Seria o caso de dizer que o engenheiro Atterberg se inspirou, para criar seus testes, na técnica do joão-de-barro e dos cupins.

Casa de cupim.

3.9 Ensaio de Proctor

O Ensaio de Proctor (seu inventor) é importantíssimo no controle da compactação de solos, como nos casos de construção de aterros de terra, pois determina a umidade ótima do solo. O solo nessa umidade ótima será compactado e terá o maior peso específico, a maior resistência e os menores recalques. Para realizar esse ensaio pegam-se amostras de um solo com diferentes umidades (se as amostras estiverem secas devemos umedecê-las) e, com essas amostras, fazemos um teste padrão de compressão, medindo o peso específico das amostras. Haverá uma amostra que, devido à sua umidade, conseguimos alcançar o maior peso específico.

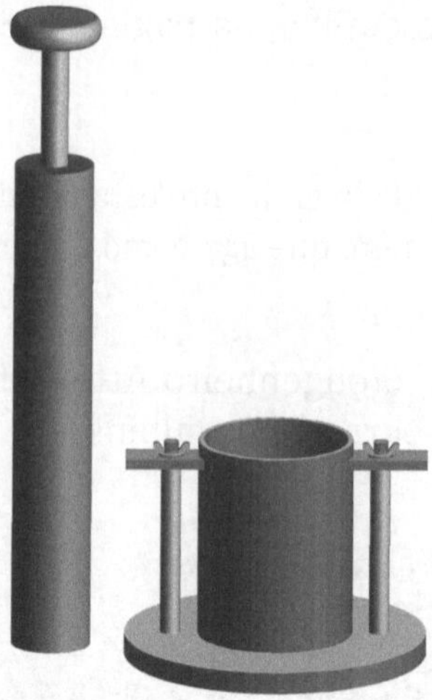

Aparelho para Ensaio de Proctor.

No teste, as condições de compactação são sempre iguais para todas as amostras.

Com os dados gerados pelo Ensaio de Proctor, se eu tiver de compactar um aterro, eu controlarei a umidade correta do material a ser usado no aterro. Se o solo a usar estiver muito úmido, eu o colocarei ao sol para secar. Se o solo estiver muito seco, eu o irrigarei com caminhão irrigador.

Seja a construção de um aterro. Toda a construção do aterro deverá ser em camadas compactadas, tendo cada camada controlada sua umidade sempre procurando alcançar essa umidade ótima que gerará um maciço terroso de solo com maior peso específico, maior resistência etc.

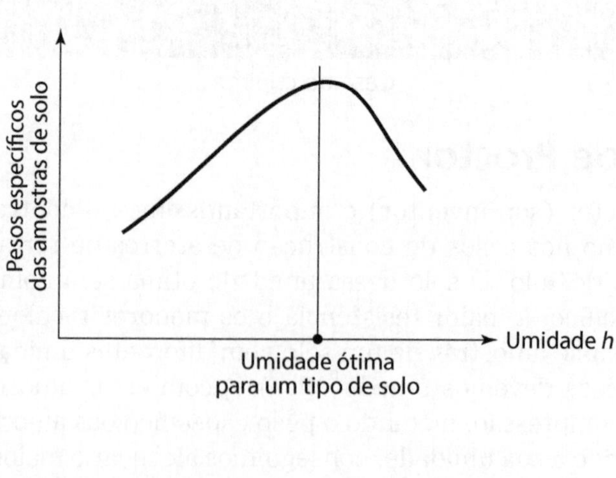

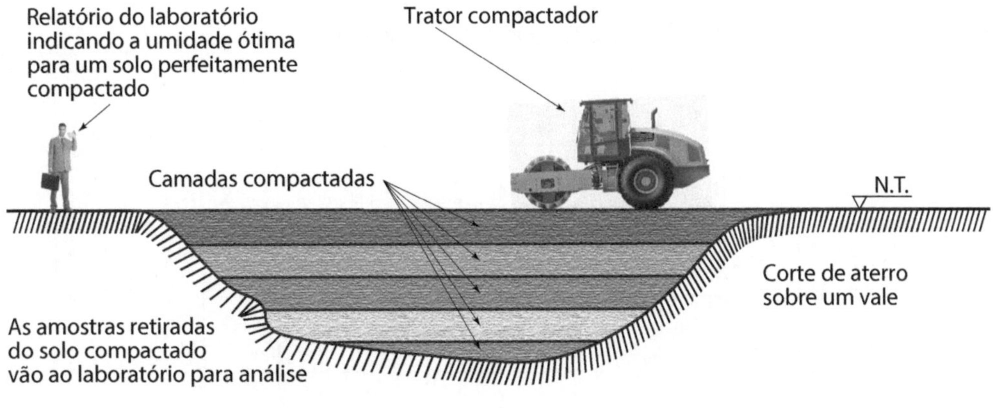

Notas

1 – Se alguém lhe disser que fez compactação de um aterro com camada de 2 m, você pode concluir que esse aterro está péssimo. Compactação de aterros só por camadas de espessura bem menores (da ordem de 20 ou 30 cm).

2 – Para o ensaio de Proctor, consultar e seguir a NBR 7182:1986 da ABNT.

Anote, comente, desenhe...

4 Percolação (infiltração) da água nos solos

A água do oceano evapora, forma nuvens e volta a cair no planeta sob a forma de chuva, sobre oceanos e solos (terra firme). A quantidade de água que cai no solo ao se infiltrar forma o chamado "lençol freático" que é a água retida no solo. O Brasil e seus vizinhos têm um enorme aquífero subterrâneo chamado Aquífero Guarani, que pode ser explorado para alimentar usos de água furando o solo com poços dito artesianos (como em Ribeirão Preto e mesmo na cidade de São Paulo), obtendo-se, na maior parte das vezes, água potável, como se verá no Capítulo 5.

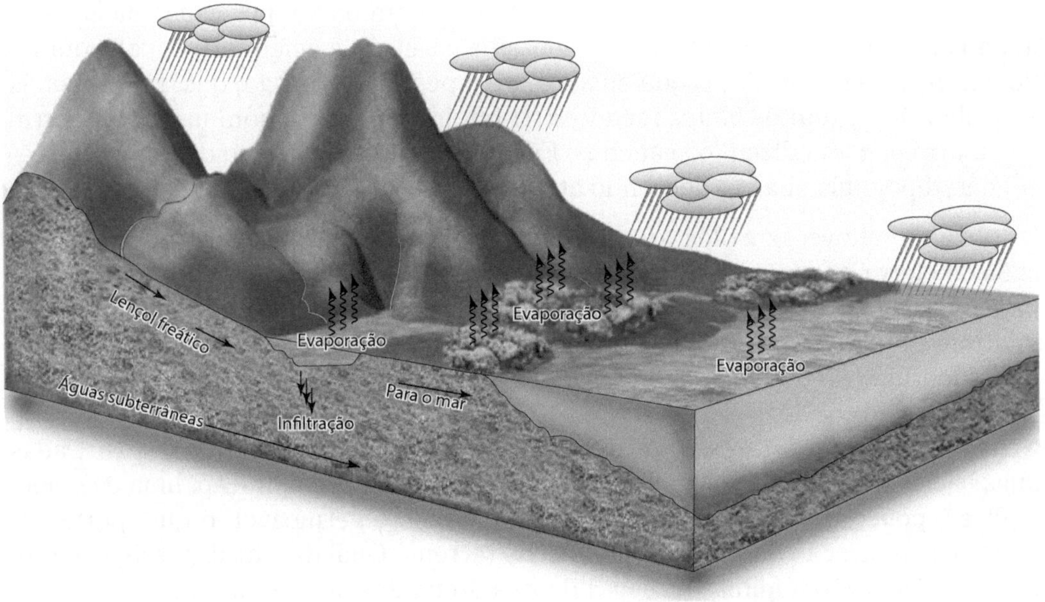

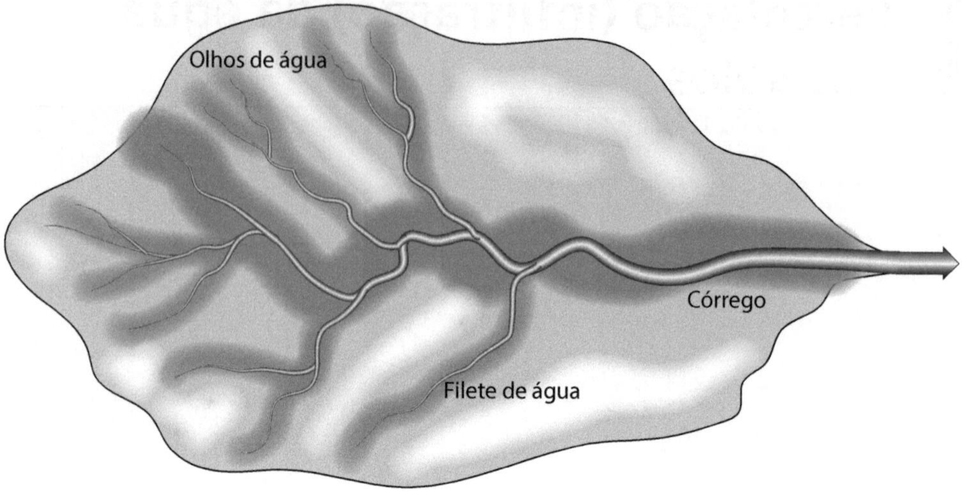

A água do lençol freático, quando não retirada e por ação da gravidade, vai escoando pelo solo lentamente, para baixo. Parte dessa água do lençol freático alcança a superfície livre dos terrenos, via "olhos de água", ou seja, algo como um suor que, saindo do terreno, começa a brotar na atmosfera. Estando em pontos altos de uma bacia, no ponto de saída para a atmosfera de um olho de água, é visível apenas como uma linda corredeira de umidade no terreno. Mas as gotas que saem do lençol freático vão correndo vale abaixo e recebendo água de outros olhos de água e, com isso, começa a se formar um filete de água, agora perceptível. A água do filete continua a correr e se junta com a água de outros filetes, formando um pequeno córrego que continua a correr sempre para baixo, por causa da ação da gravidade. A água do lençol freático continua a sair do maciço terroso, alimentando e formando novos filetes que chegam até o pequeno córrego, que, por causa da contribuição de muitos filetes menores (tributários), forma agora um maior córrego ou arroio, como dizem os gaúchos. Está nascendo um rio cujo destino implacável é ir, topografia abaixo, descendo até o mar. E o ciclo volta a ocorrer.

Quando chove, os solos arenosos permitem, com facilidade, a infiltração de água de chuva que corre na superfície do terreno. Solos argilosos não têm vocação para deixar infiltrar a água e as águas ao encontrarem um solo argiloso só em parte infiltram no solo, alimentando o lençol freático; a maior parte continua a correr pela superfície do terreno.

Nota – *Pergunta interessante de uma prova de Mecânica dos Solos*: Dadas duas bacias hidrográficas semelhantes e com a mesma precipitação, uma é de solo argiloso, pouco permeável, e outra de solo arenoso, permeável, e que, portanto, permite a infiltração das águas de chuva no terreno. Qual das duas, possivelmente, terá a maior vazão mínima (na seca) de rios drenantes dessas bacias?

Resposta: A bacia com solo argiloso infiltra pouco a água da chuva e, portanto, quando chove, quase toda a água corre na superfície e vai para os cursos de água. A bacia com solo arenoso permite bastante a infiltração de água ajudando a alimentar o lençol freático. Na seca, a água do lençol freático tende a sair via "olhos de água" para a atmosfera. No terreno arenoso, o seu lençol freático tem bastante água na seca e a vazão do rio será alimentada por ele. Logo, o rio drenante da bacia arenosa terá maior vazão na seca que o rio drenante da bacia com solo argiloso.

Sejam agora duas bacias hidrográficas semelhantes, uma de solo argiloso e outra de solo arenoso e vejamos como ficam os níveis de água nos córregos drenantes, quando da ocorrência de chuvas semelhantes.

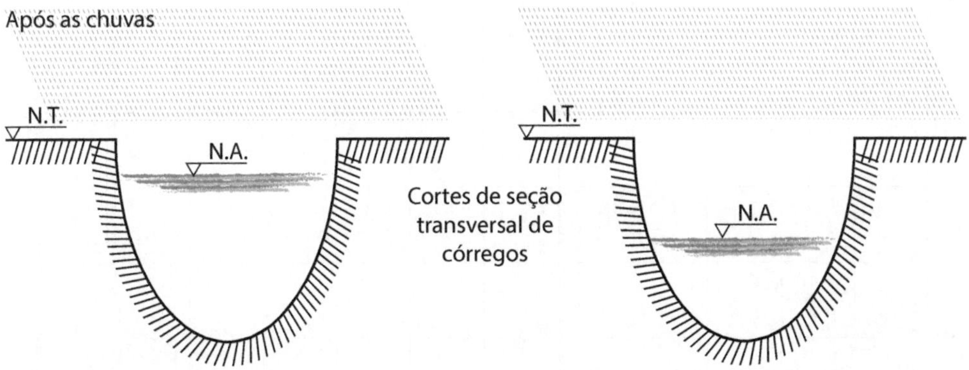

Córrego de bacia de solo argiloso. Quando da chuva, ele inunda, pois a água de chuva infiltra pouco.

Córrego de bacia arenosa. Quando da chuva, ela permite a infiltração parcial das águas de chuva e, com isso, reduz a vazão no córrego e o nível de água neste é reduzido.

No período da seca

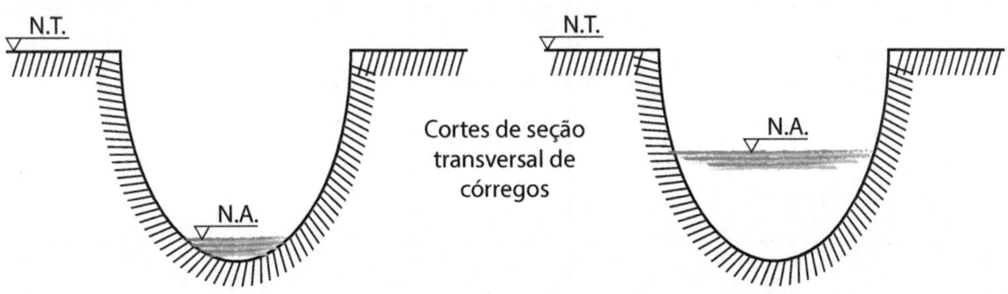

Córrego quase seco de bacia de solo argiloso.

Córrego com vazão média de bacia arenosa.

Anote, comente, desenhe...

5 Poços freáticos (rasos), poços profundos e poços jorrantes

As águas de chuva caem sobre o solo (e sobre o mar, na sua maior parte) e, caindo no solo, têm dois destinos possíveis: ou só escoam na superfície e vão logo aumentando a vazão dos rios, ou penetram no solo. Claro que, em solos argilosos, a penetração da água é mais difícil, pois solos argilosos têm maior impermeabilidade. Em solos arenosos a água de chuva penetra com maior facilidade. Acompanhemos a água de chuva que se infiltrou no solo. Em face da gravidade, a água infiltrada tende a correr subterraneamente no solo, e sempre para baixo. Aí acontece a intervenção do homem. Parte dessa água infiltrada fica próxima ao nível do solo. Se fizermos um buraco com cinco a dez metros de profundidade, a água do subsolo (em termos mais eruditos, água do lençol freático) penetrará no poço e, então, por algum dispositivo mecânico, incluso aí o antiquíssimo sarilho ou uma bomba, poderá retirar-se a água do poço e a utilizar para seus fins e propósitos.

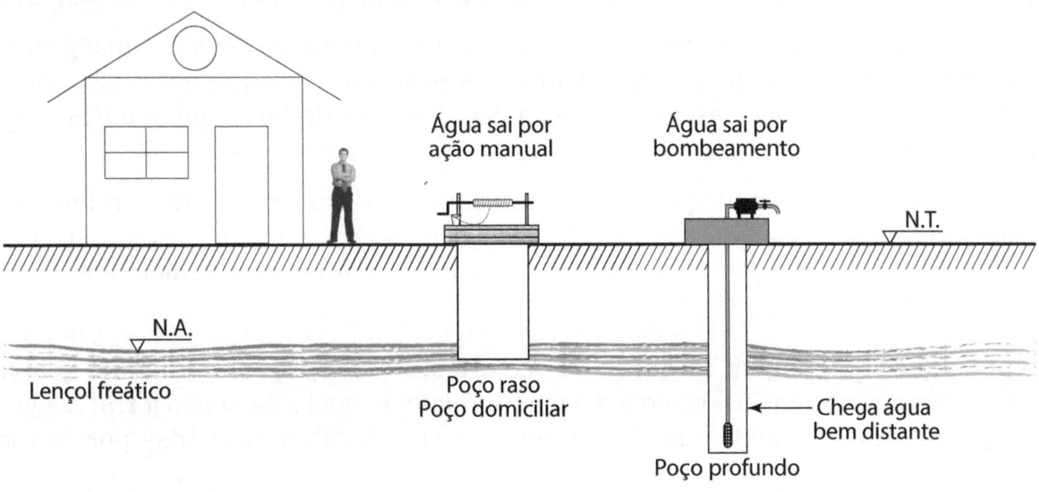

Só que existe, e em maior quantidade e qualidade, a água subterrânea, ou seja, a água que está a mais de 50 m ou 100 m de profundidade, ou muito mais. O homem aprendeu a retirar, com bombas, essa água que tem a vantagem de além de ter melhor qualidade (micro-organismos não sobrevivem tanto ao escoamento da água nas profundezas), tem maior constância nas vazões, ou seja, as vazões a retirar são mais confiáveis e em muito maior vazão retirável que a água dos poços freáticos (poços rasos). Em contraposição à expressão poços rasos (poços freáticos), chamamos os outros de poços profundos, os quais, como vimos, só se diferenciam dos primeiros pela profundidade de escavação.

Repisando. Dividamos os poços em:

- poços rasos – chamados poços freáticos, ou poços comuns;
- poços profundos – que em alguns poucos casos são jorrantes.

Às vezes, ao fazer furos para pesquisa de petróleo, o buraco encontra um lençol confinado (preso) geologicamente e, com isso, em poços com, digamos, 120 m de profundidade, a água liberada pelo furo sobe a 40 ou 50 m de profundidade em relação ao nível do solo. São os chamados poços artesianos. Às vezes, e com alguma escassez de ocorrência, ao abrir um poço profundo, a água, antes presa em uma camada geológica, sobe e vira um poço jorrante, ou seja, a água sobe com um jorro até a superfície do terreno. Este autor viu, em sua vida profissional, cerca de dez poços jorrantes. Às vezes, a água do poço jorrante sai aquecida na atmosfera e, por causa disso, para ser usada no abastecimento de uma cidade, tem de ter sua temperatura reduzida. Consegue-se isso com torres de resfriamento para a diminuição de temperatura da água.

Em cidades de vários estados surgiu o turismo térmico, ou seja, hotéis que usam como atrativo o fato de a água de seus poços profundos ser quente, para propiciar banhos muito agradáveis. Por exemplo, Caldas Novas, GO e Olímpia, SP.

Às vezes, a água profunda transporta produtos minerais, como o manganês, exigindo a retirada desse produto com filtros especiais para que possa ser usada para consumo humano. Às vezes, a água sai com sais de ferro que mancham as roupas que são lavadas com ela.

Fica a dúvida: como explicar a alta temperatura de algumas águas profundas? Uma explicação seria que algumas rochas quentes ocorrem em posições altas e, com o passar da água por essas rochas, ela tem sua temperatura aumentada.

Nota sobre linguagem popular – Poço artesiano é o poço profundo do qual a água jorra e poço semiartesiano é o poço profundo do qual a água não jorra. A água de poços semiartesianos tem de ser retirada com bombas acionadas por motor elétrico.

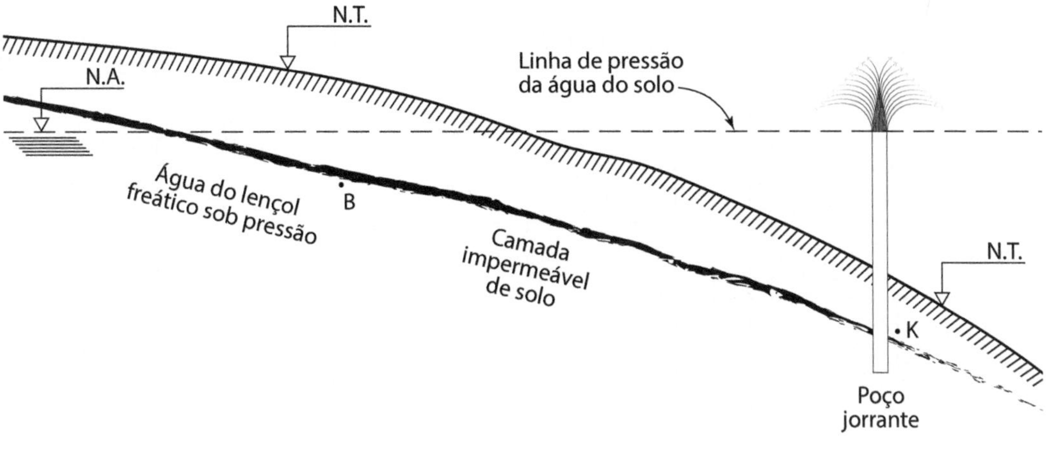

A partir do ponto B a água do lençol freático está sob pressão. Se furarmos em K, a água do lençol freático sobe para a superfície do terreno e jorra. A distância entre B e K pode ser de dezenas ou centenas de quilômetros.

Notas

1 – A extração de água do lençol freático exige autorização do Governo Federal, via Ministério de Minas e Energia. O mesmo vale para extração de areia, pedra, petróleo, minérios de ouro e qualquer material da terra, incluso aí até a argila.

2 – Existem afloramentos de água subterrânea que jorram só em horas certas! São os gêiseres.

Anote, comente, desenhe...

6 Pesquisando os solos: sondagem a trado, sondagem a percussão e prova de carga

6.1 Inspeção local

Antes de iniciar o projeto de uma obra é necessária uma inspeção no local para verificar:

- nível de água (abra um poço);
- obras nas imediações, soluções de fundações usadas e consequências;
- experiência do saber local, ou seja, tentar perguntar aos construtores locais, por exemplo, sobre o nível de rochas, existência de matacões (pedras com mais de 30 cm de comprimento) etc.;
- se o local sofreu aterro, quase sempre malfeito, gerando um solo com baixa capacidade de suporte de cargas.

A inspeção local é a atividade que precede o planejamento dos cuidados seguintes a tomar, como a escolha de sondagem a trado, sua profundidade, seu número ou sondagem a percussão, ou outro tipo de sondagem, como em terrenos rochosos, a chamada sondagem rotativa.

6.2 Sondagem a trado

O trado é um equipamento manual muito útil, tendo uma versão motorizada, não deve se deixar de usá-lo por preconceitos do tipo "sondagem só a percussão". O trado é uma rosca de aço cortante, na extremidade de uma haste, com comprimento adicionável e acionada por ação humana, que, por causa disso, limita por uma questão de esforço, por exemplo, maiores profundidades. O trado vai escavando, por ação humana, a terra e tirando amostras que devem ser dispostas no terreno ao lado e colocadas em ordem de escavação, ou seja, primeiro, as amostras de solo mais alto e, depois, as de solo mais profundo. Normalmente, a profundidade máxima de escavação no solo é de 3 a 5 m. Para profundidades maiores, o esforço humano de penetração é um limitante. As amostras do solo podem ser analisadas no local, por profissional experiente, ou enviadas embaladas para um laboratório de solos. Trados mais comuns têm diâmetros de 15 ou 20 cm.

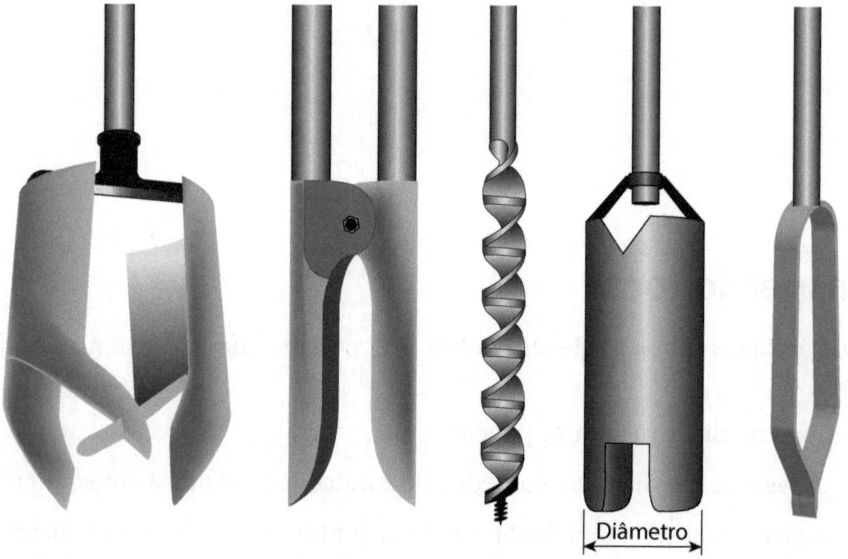

Trados de diversos tipos.

Trabalhadores perfurando o solo para retirada de amostras.

Atenção – Sondagens de solo a trado, onde seja fácil a penetração do equipamento, podem indicar péssimos solos para a fundação, ou seja, solos fracos. Cheiros e odores do material retirado podem indicar solo vegetal (turfa) em decomposição, que também é péssimo para fundações.

Um dado impressionante: mais de 90% das construções térreas brasileiras, e com ênfase para as populares, não fazem nenhum tipo de sondagem do terreno, quando, ao menos, deveriam fazer sondagens a trado, três, no mínimo, em terrenos urbanos de dimensões comuns (até 300 m^2).

6.3 Sondagem a percussão (por batidas em um amostrador penetrando no solo) – o SPT

Vamos nos concentrar nesse ensaio (o mais comum e prestigiado ensaio de campo) normalizado pela ABNT via norma NBR 6484:2001.

A essência do método é, a partir de golpes (batidas), fazer penetrar no solo um amostrador padrão e medir como essa penetração acontece, metro por metro (número de golpes). Esse método é chamado SPT (*Standard Penetration Test*).

Em cada metro a rotina é:

- despreza-se o número de golpes para avançar os primeiros 15 cm desse trecho;
- mede-se o número de golpes para penetrar os 15 cm seguintes de penetração e os 15 cm sequenciais.

O SPT é, por convenção, a soma do número de golpes para vencer o segundo e o terceiro trechos, cada um com 15 cm.

Normalmente, a execução de uma sondagem em um ponto demanda de um a dois dias.

Os frutos do ensaio a percussão são:

- medida do nível de água no furo (água do lençol freático que entrou);
- o SPT por metro.

O sondador, o equipamento e o solo a ser estudado.

Notas

1– Depois que o pessoal da sondagem chega ao local da perfuração cada furo exige, em média, de um a dois dias para a sua execução.

2– As amostras de solo retiradas, metro por metro, vão para laboratório para análise tátil-visual.

Os frutos do ensaio são:

- medida do nível de água no local perfurado;
- os SPT, camada por camada de um metro;
- as amostras do solo retiradas e que vão para laboratório para uma análise tátil-visual (roçar a mão e olhar a amostra).

Interpretação de uma folha de sondagem

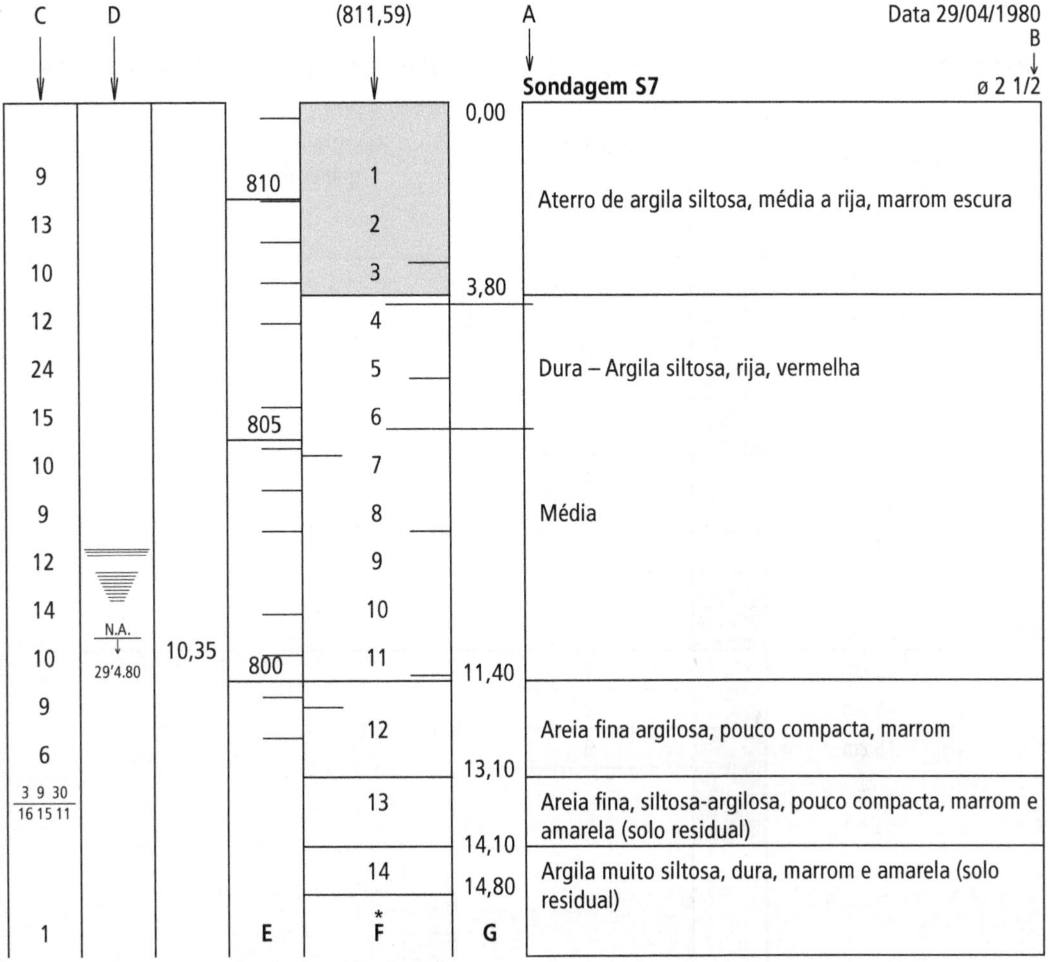

Chamam-se amostras tipo *shelby* amostras de solo retiradas com muitos cuidados e que, portanto, são amostras indeformadas. Essas amostras são recolhidas para exames laboratoriais adicionais. Normalmente, essas amostras são retiradas de solos argilosos, pois obter amostras em solos arenosos é muito difícil. Ver norma NBR 9820:1997 da ABNT "Coleta de amostras indeformadas de solos de baixa consistência em furos de sondagem. Procedimento".

Evolução da sondagem

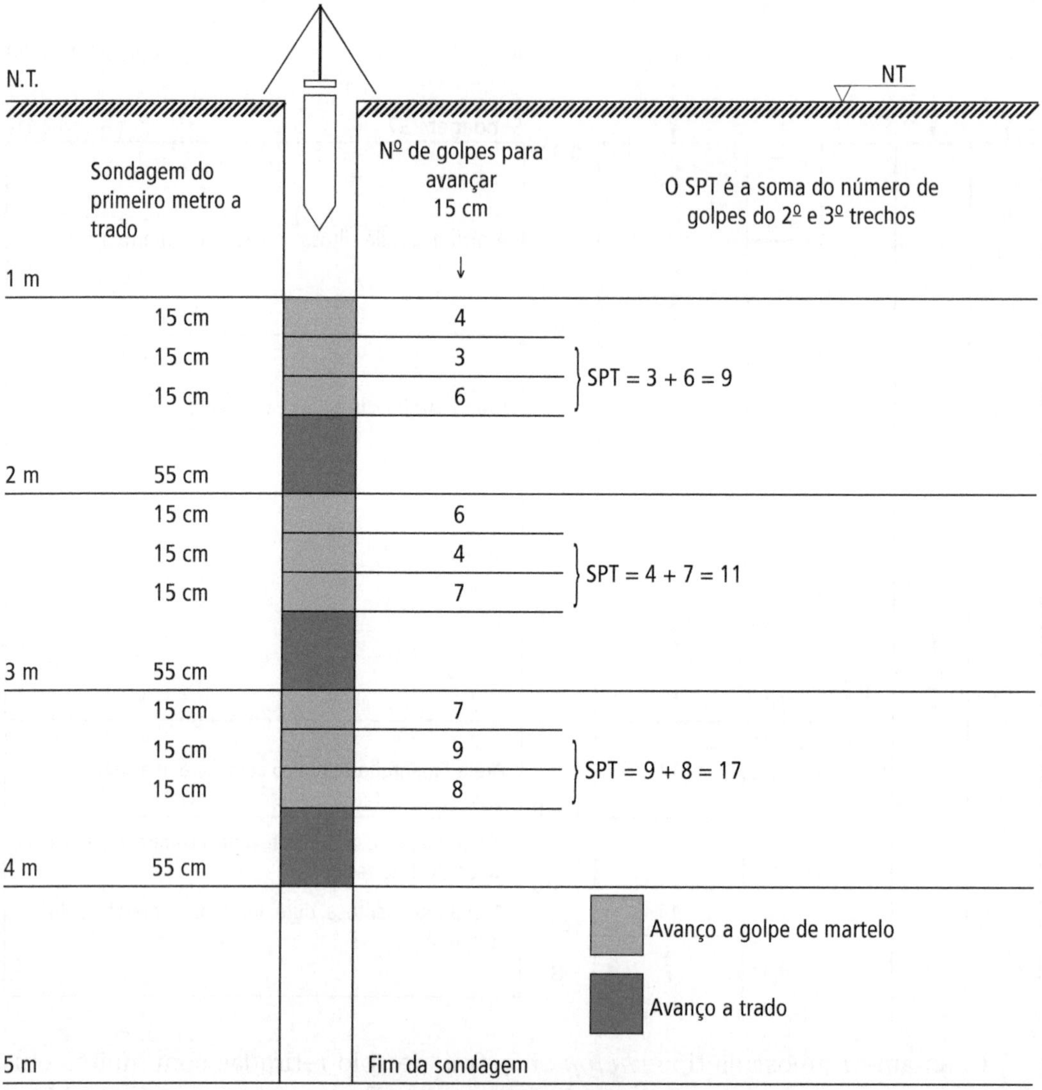

SPT – *Standard Penetration Test*
(Teste de Penetração Padrão)

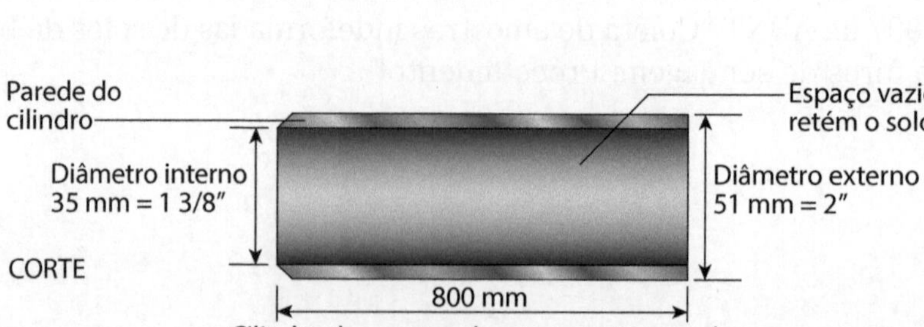

Cilindro de aço vasado que penetra no solo

Vale a pena descrever as características da areia e da argila, fato que é descrito nas folhas de resultado de sondagens.

A areia pode ser:

a. fofa (pouco compacta);
b. medianamente compacta;
c. compacta;
d. muito compacta.

A argila pode ser, quanto à consistência:

- muito mole;
- média;
- com rigidez;
- dura.

Observação – Em boletins de sondagens aparece, às vezes, a expressão: "variegada" que significa "mistura variada".

6.4 Outros tipos de sondagens

Existem outros tipos de sondagem, principalmente usadas para obras especiais. Exemplos:

Quando uma sondagem a percussão encontra solo muito duro e que, mesmo com esforço, o amostrador da sondagem não penetra, ou paramos a sondagem, ou trocamos radicalmente o tipo de sondagem por outra sondagem chamada sondagem rotativa, que corta o terreno duro/alteração de rocha ou rocha encontrada. Por vezes, o que impossibilita a penetração do amostrador da sondagem a percussão é um simples matacão, pedra com 50 cm ou mais de comprimento. Caberá a um profissional experiente optar pelo que fazer. Um critério para parar a sondagem a percussão é quando essa sondagem alcança cerca de 50 golpes para penetrar os 30 cm.

Existem também:

- sondagem SPT com medida de torque;
- sondagem CPT (Ensaio de Cravação do Cone) – há especialistas que preferem o ensaio CPT ao ensaio SPT;
- quando de um solo deseja-se fazer outros testes, como teste do cisalhamento de solos, devemos retirar com cuidado uma amostra especial chamada de *shelby*. Essas amostras são consideradas indeformadas.

O quadro de Almeida Júnior de título *Violeiro* mostra personagens do mundo rural da época e uma construção residencial usando a solução "pau a pique" onde usa-se argila umedecida (chamada de barro molhado) simplesmente lançada contra a estrutura inicial de madeira ou de bambu. A camada de argila não é adensada (socada) como na solução "taipa de pilão".

Note que, com o tempo, a argila perde água e se retrai volumetricamente gerando falhas. Nessas falhas podem se abrigar insetos que causam doenças como o inseto "barbeiro" que transmite o chamado "Mal de Chagas".

Violeiro, de Almeida Júnior.

Macetes para classificação tátil-visual de um solo (muito útil)

Ao esfregar o material entre os dedos, perceberemos:

- **Areia** – Tamanho dos grãos (maiores) – cristais
  1. não é plástica;
  2. é áspera;
  3. não suja a mão.
- **Silte**
  1. é plástico;
  2. desliza na mão;
  3. apresenta, geralmente, mica;
  4. sempre contém caolim (argila branca);
  5. suja a mão (face talvez ao caolim).
- **Argila**
  1. é muito plástica;
  2. adere à mão;
  3. tem granulometria muito fina;
  4. suja a mão.

7 Cortes e desmoronamentos do terreno

A natureza e o homem, por suas ações, desequilibram os solos gerando desmoronamentos, que são os movimentos de terra não desejados, ou cortes, que são taludes do terreno que se sustentam sozinhos. Como o homem pode fazer cortes sem desmoronamentos? Basta, na época das chuvas, andar em estradas, em locais inclinados (região de serras), que poderão ser observados:

- desmoronamentos naturais;
- desmoronamentos contidos por muros de arrimo;
- taludes (cortes) produzidos pela natureza ou pelo homem e que não romperam.

O assunto muro de arrimo está abordado em outros capítulos deste livro (ver Capítulos 8 e 10).

Vamos ver o que contribui para os desmoronamentos e como o homem pode tomar cuidados e cortar o terreno, mas sem construir muro de arrimo, que é uma obra cara.

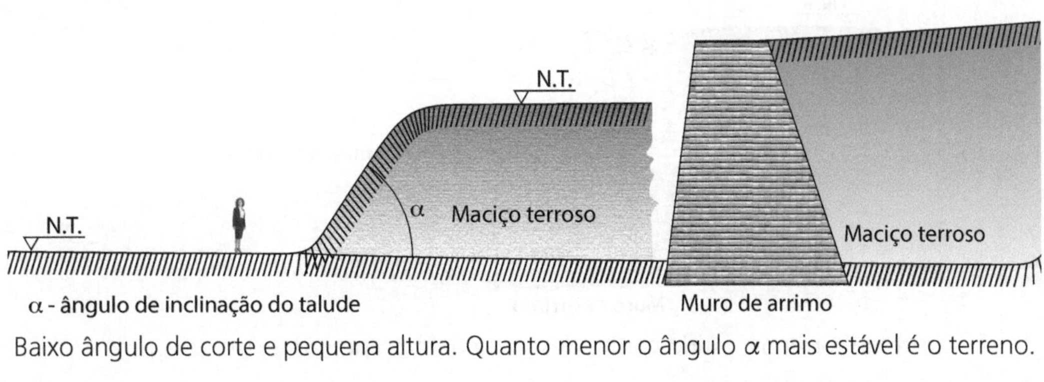

Baixo ângulo de corte e pequena altura. Quanto menor o ângulo α mais estável é o terreno.

São fatores que geram ou influem nos desmoronamentos:

- tipo de solo do maciço de terra. Quanto mais arenosos, mais os solos tendem a escorregar e quanto mais argilosos, menos os solos tendem a escorregar em face de sua coesão interna;
- encharcamento dos maciços pela infiltração de águas de chuva, fato que é mais marcante na época de chuvas. O encharcamento faz aumentar o peso específico do solo e diminui sua resistência ao cisalhamento, resistência essa que se opõe ao deslizamento;
- altura do maciço terroso;
- ângulo α de corte do maciço de terra. Quanto mais argiloso o terreno, maior pode ser esse ângulo, e no caso de terrenos arenosos, esse ângulo tem que ser reduzido.

Cabe ao profissional de solos coordenar todas essas variáveis, e com a implacável variante nos custos das obras. Na prática, o que se faz é, em estradas, verificar local por local a tendência ao desmoronamento e aceitar que, por razões de limitação de custos, isso ocorra, tomando-se, depois, medidas corretivas.

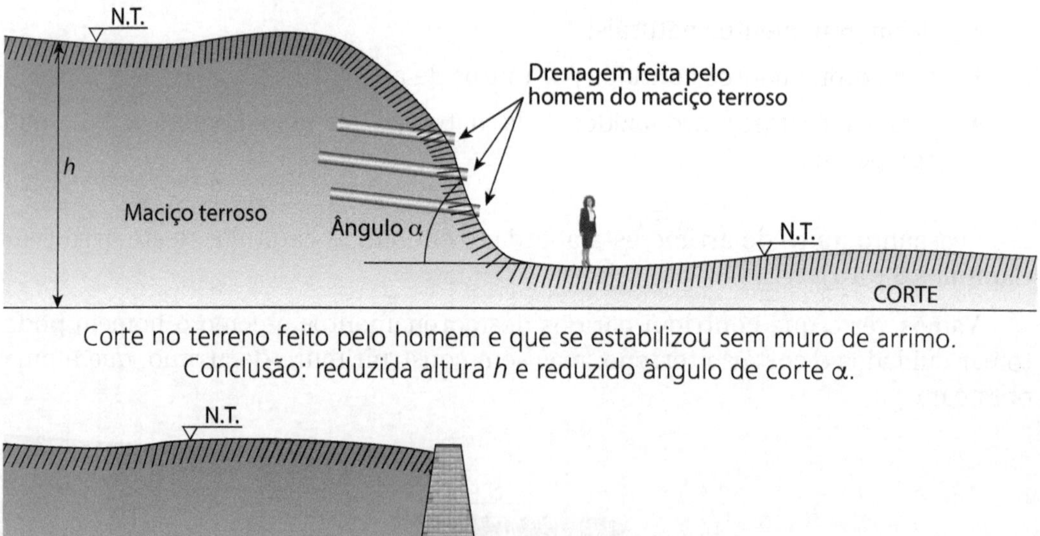

Corte no terreno feito pelo homem e que se estabilizou sem muro de arrimo.
Conclusão: reduzida altura h e reduzido ângulo de corte α.

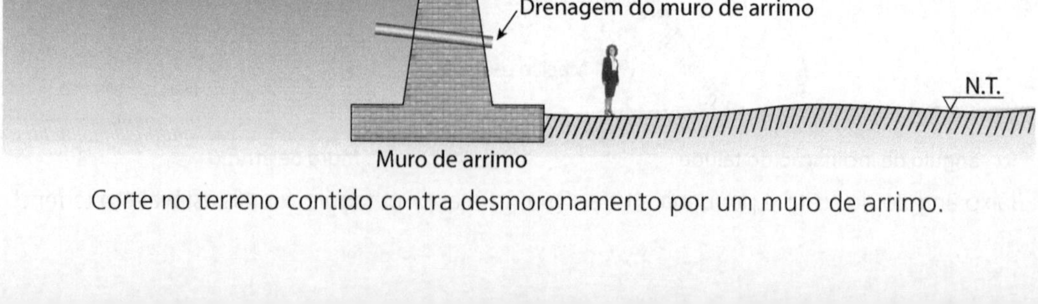

Corte no terreno contido contra desmoronamento por um muro de arrimo.

8 Introdução aos muros de arrimo

Quando sentimos, e a expressão é mesmo sentir, seja psicologicamente, seja como resultado de testes, que um maciço terroso tende a desmoronar (deslizar) em uma situação em que esse desmoronamento cause problemas (proximidade de casas, proximidade do leito estradal) uma ideia é construirmos muros de arrimo para conter esses desmoronamentos.

São inúmeros os tipos de muros de arrimo. Cabe ao projetista escolher um dos modelos. Como costumam ser obras de muita visibilidade, até aspectos estéticos podem ser levados em conta em sua escolha.

Vejamos alguns tipos possíveis de muros de arrimo em termos de funcionamento estrutural:

a. muro de arrimo de concreto armado (estrutura de concreto e armadura de aço);

Muro de arrimo protegendo uma casa e seus moradores.

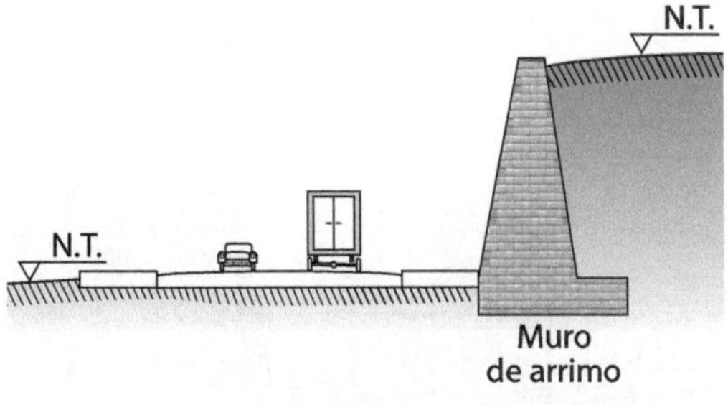

Muro de arrimo em estrada protegendo a estrada e seus usuários.

b. muro de arrimo de concreto ciclópico (estrutura de concreto com pedras argamassadas e sem armadura) que trabalha com o seu enorme peso;

c. muro de arrimo com gabiões (engradado de tela metálica que envolve pedras);

d. muros de arrimo construídos só com tijolos (uma obra de arte);

e. outros tipos possíveis.

Veja o que pode acontecer em determinadas situações sem muros de arrimo:

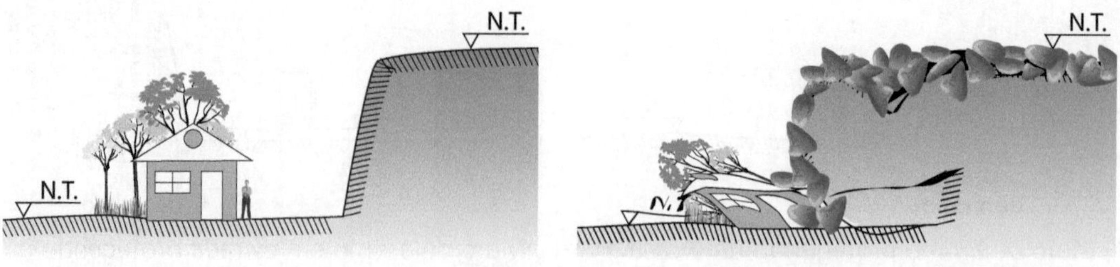

Para entender mais sobre muros de arrimo recomenda-se a leitura dos livros:

- *Caderno de muros de arrimo*, do Professor Antonio Moliterno.
- *Muros de arrimo*, do engenheiro Osvaldemar Marchetti.

Ambos os livros são da Editora Blucher.

Vamos agora entender, em função do movimento de terra e da estrutura do muro de arrimo, os tipos de esforços, a saber:

- "empuxo ativo" (EA) que, por ser o mais comum, é simplesmente chamado empuxo;
- "empuxo em repouso" (ER);
- "empuxo passivo" (EP).

Expliquemos:

Seja um maciço terroso que está prestes a desmoronar, e vemos isso pelas fendas do solo sofrendo tração (afastamento). Para evitar problemas, vamos conter esse maciço de terra com uma estrutura de concreto armado.

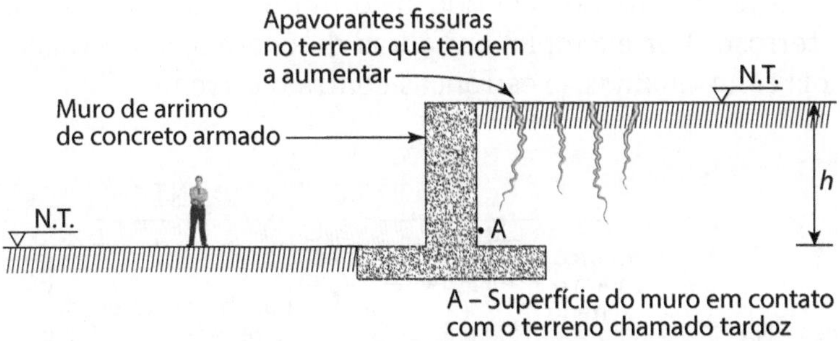

Face à construção do muro de arrimo, o desmoronamento do maciço terroso é contido, mas começa a agir com uma força no muro de arrimo. Essa força é chamada empuxo ativo. Quem equilibra essa força é a resistência do muro de arrimo. Detalhe: a estrutura de concreto armado sempre se deforma e essa deformação por flexão dá características de funcionamento ao empuxo que, então, se chama empuxo ativo (EA).

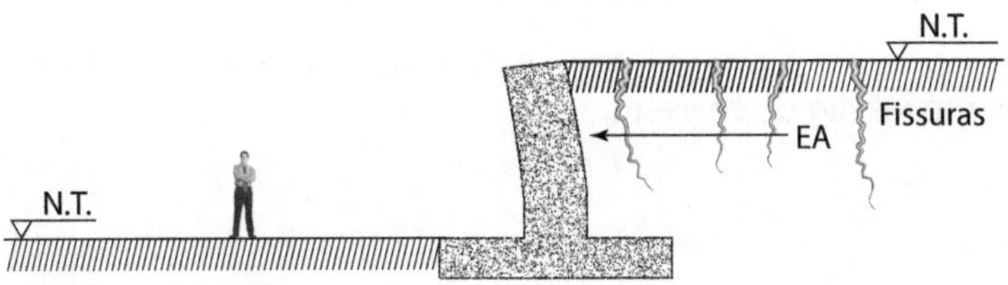

Nota – Deformação exagerada para efeito didático.

Nota – Vamos agora conter esse maciço terroso prestes a se romper formando uma concha cunha (o solo será cisalhado, cortado) com uma estrutura de concreto ciclópico, estrutura que, por seu grande porte, não se deforma e nem se movimenta. Agora o tipo de esforço do maciço terroso sobre o muro de arrimo se chama empuxo em repouso (ER). Estudos teóricos e medições indicam que, para dois muros de arrimo semelhantes em tudo (altura, tipo de solo e tendência ao desmoronamento):

ER >>>>>> EA (ER maior que EA)

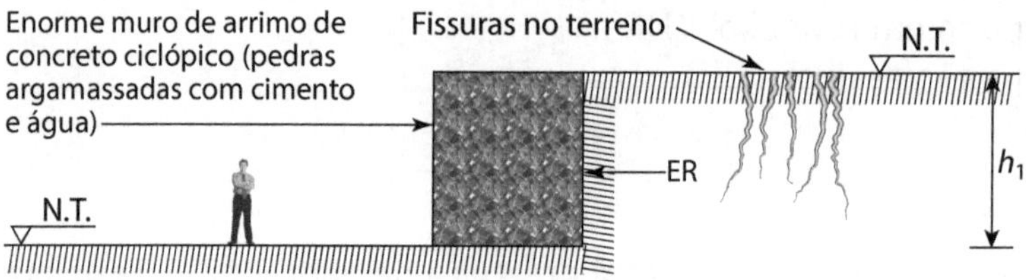

Agora, em vez de receber forças provenientes da ação do maciço terroso em processo de desmoronamento (contido pelo muro de arrimo) vamos comprimir esse maciço terroso. Por exemplo, em obras de contenção de valas, isso tende a acontecer, pois comprimimos as estroncas contra o terreno.

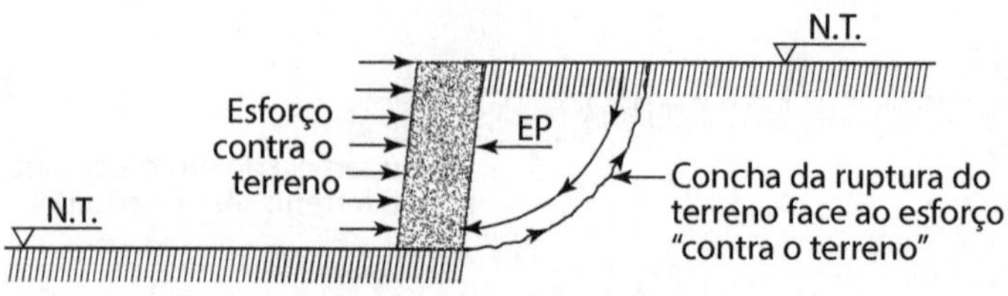

Quando pressionamos (comprimimos) um terreno, ele reage dando estabilidade ao conjunto. Essa reação se chama empuxo passivo (EP). Se aumentarmos progressivamente o esforço contra o maciço terroso e aumentarmos, com isso, o impulso passivo, chega uma hora em que todo o maciço se rompe. Diz-se que o maciço se rompeu por ter alcançado o limite do empuxo passivo (EP).

O empuxo passivo é um esforço reativo que só existe se houver um esforço externo de compressão do terreno.

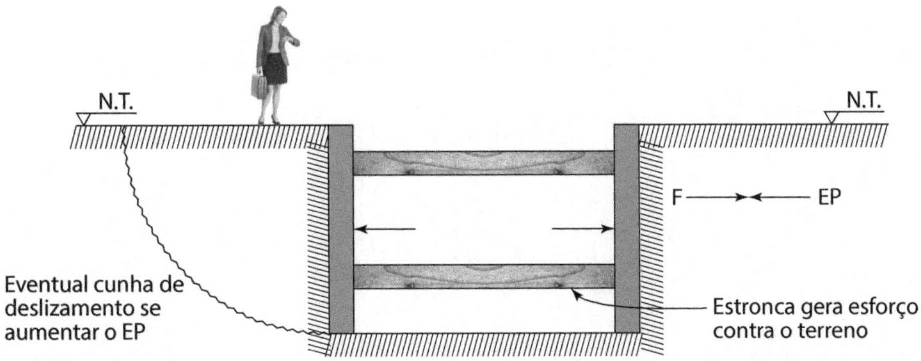

Sabe-se que:

$$EP \gg ER \gg EA.$$

Para visualizar, em um gráfico, os valores dos três empuxos e os movimentos que garantem seu funcionamento, mostramos:

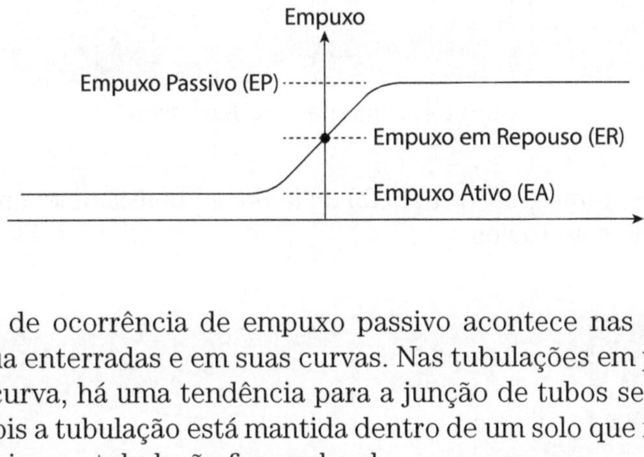

Outro caso de ocorrência de empuxo passivo acontece nas tubulações com pressões de água enterradas e em suas curvas. Nas tubulações em pressão, quando acontece uma curva, há uma tendência para a junção de tubos se soltar, mas isso não acontece pois a tubulação está mantida dentro de um solo que resiste (empuxo passivo) e, com isso, a tubulação fica no local.

As obras de fundação, ao receberem cargas que sustentam, tendem a sofrer pequenas deformações (dilatações), que são contidas pela envoltória de solos. Esse é outro exemplo de ação do repouso passivo.

Nota – Nunca nos esqueçamos: o mais famoso muro de arrimo do Mundo Ocidental é o chamado Muro das Lamentações, talvez o único resto físico do Templo de Salomão, em Jerusalém.

Muro das Lamentações, Jerusalém.

Em São Paulo temos na Avenida 23 de Maio um belíssimo exemplo de muro de arrimo construído com tijolos.

Avenida 23 de Maio, São Paulo.

9 Explicando os cortes no terreno e os empuxos, com uma história quase em quadrinhos

Vamos contar, usando uma historieta, como entender os cortes de terreno e os muros de arrimo.

Cena 1

Um jovem estudante de Engenharia chamado Pedro, viera de uma aula de Mecânica dos Solos, na qual, no laboratório, os alunos fizeram a experiência de lançar uma porção de solo em uma caixa de vidro e ver como esse solo se comportava em termos de forma. O solo formou uma pequena pirâmide com suas inclinações da superfície, e o ângulo formado pela superfície da pirâmide com o piso horizontal da caixa foi medido. Dizem que esse ângulo α chama ângulo em repouso. Pedro também tinha tido uma aula sobre muros de arrimo, mas entendera só a metade dos assuntos.

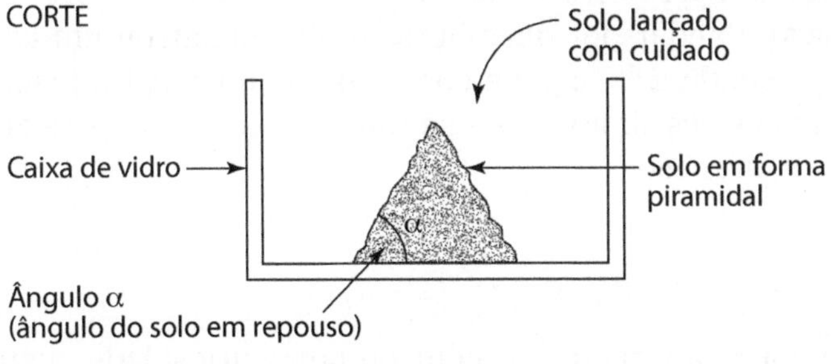

Cena 2

Com esses conceitos na cabeça, Pedro saiu para correr o mundo, afinal esta é uma historieta.

Pedro começou sua viagem na praia de sua cidade. Notou que a areia da praia formava um plano inclinado com inclinações mais baixas junto ao mar e maiores inclinações no começo da praia e bem longe do mar. Pedro viu na praia, feito pela natureza, o mesmo plano da experiência de laboratório. Havia um corte em um terreno arenoso, mas sua inclinação era mínima, possivelmente com menor ângulo do que o ângulo que a areia da praia formaria na caixa da experiência no laboratório. Uma ideia explodiu na cabeça de Pedro. Em todos os cortes em que o ângulo fosse inferior ao ângulo da experiência da caixa, o corte seria estável. Cortes nos terrenos com ângulos maiores que o ângulo da experiência do solo do corte tendiam, com o tempo, a escorregar. Pedro lembrou o nome do ângulo: era o ângulo em repouso do solo (esse ângulo é bem próximo ao chamado ângulo de atrito interno do solo) característico para cada um dos tipos de solo e, portanto, uma característica física de cada solo.

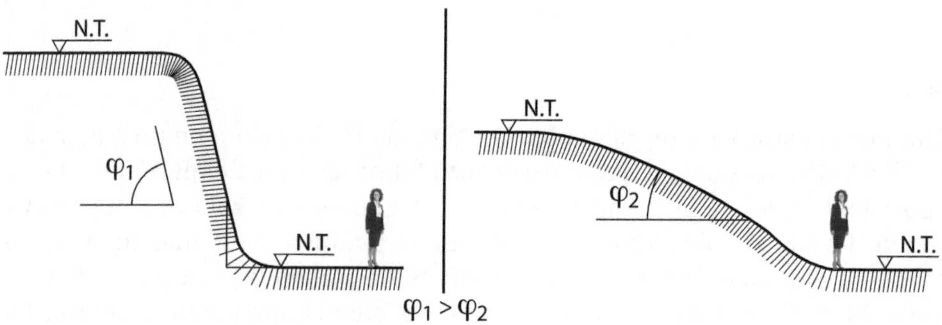

Cena 3

Pedro continuou a percorrer o mundo. Encontrou outro corte do terreno com inclinação φ_1. Bastou andar por duas horas e ele encontrou um corte do terreno com inclinação φ_2; sendo $\varphi_1 > \varphi_2$, ele concluiu que o primeiro maciço, por ter ângulo $\varphi_1 > \varphi_2$, tem mais possibilidade de ser um solo argiloso, e o segundo solo é um solo provavelmente arenoso.

Cena 4

Pedro continuou sua viagem e encontrou uma curiosidade: alguém construíra um muro de arrimo, mas distante de um corte de terreno quase vertical. A distância entre o solo e o muro de arrimo era de 1 cm*. Veja:

* Estamos em um texto didático. Nunca nos esqueçamos.

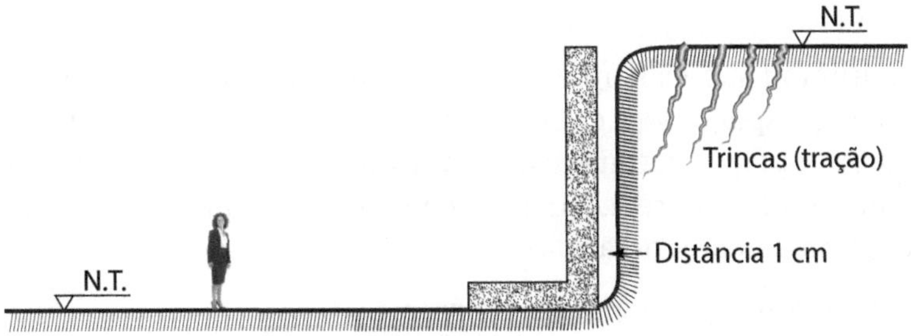

Caso A

O terreno sem proteção já tinha algumas trincas, indicando um próximo desmoronamento. Qual seriam os valores do empuxo ativo (terra sobre muro) ou empuxo passivo (reação do solo, no caso de o solo ser comprimido) ou empuxo em repouso (caso de solo contra o muro), mas muro absolutamente imóvel e indeformável. Sejam os desenhos:

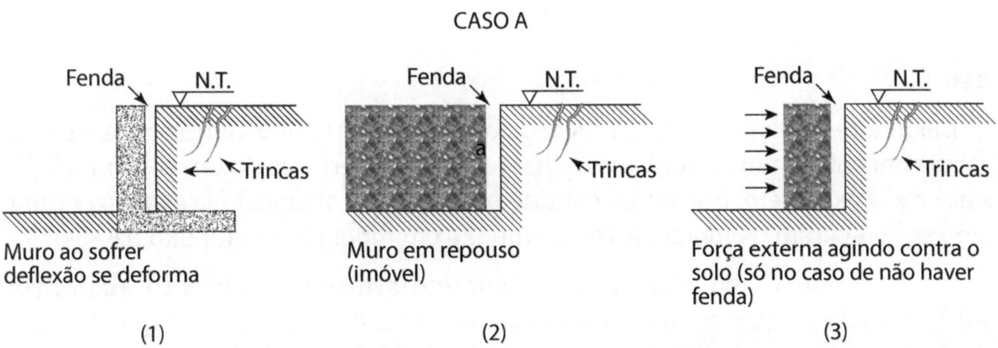

Pedro lembrou as aulas e respondeu para si mesmo nesse Caso A:

(1) Empuxo ativo nulo.

(2) Empuxo em repouso nulo.

(3) Empuxo passivo nulo.

Tudo isso pelo fato de o muro de arrimo e o solo, seja qual for esse muro de arrimo, não se encontrarem, apesar das fissuras (trincas) no terreno indicarem que algo terrível acontecerá em futuro próximo, mas só nesse futuro.

Caso B

Pedro continuou sua viagem e encontrou mais um muro de arrimo semelhante ao anterior, mas o espaço de 1 cm fora preenchido com areia. As trincas continuavam com a mesma pequena dimensão. Agora que o solo encontra o muro, em face do preenchimento com a areia, qual os valores dos empuxos, não considerando o mínimo esforço da camada de areia?

Pedro respondeu seguro, para si mesmo:

— O fato de o terreno encontrar o muro não gera novidades se as trincas no terreno continuarem as mesmas em espaçamento de trincas, ou seja, não abriram mais. O terreno não começou a desmoronar e está estável apresentando as trincas com as mesmas aberturas.

Logo, e mais uma vez:

1. Empuxo ativo: nulo.
2. Empuxo em repouso: nulo.
3. Empuxo passivo: nulo.

Caso C

Destino de viajante é viajar e Pedro continuou a procurar outras obras de engenharia e encontrou uma solução semelhante, mas as aberturas do terreno eram ligeiramente maiores, porém, o solo fora contido pelo muro de arrimo. Fica agora a pergunta: Como se comparam o empuxo ativo, o empuxo em repouso e o empuxo passivo?

Sendo o muro uma estrutura de concreto armado e, portanto, deformável, pouco, é verdade, mas se deforma, então, o empuxo ativo é menor que o empuxo em repouso. Quanto ao empuxo passivo ele só existe se alguém ou uma estrutura comprimir o solo e o empuxo passivo será como força de reação que é igual, mas com sentido contrário ao esforço de compressão aplicado. Mas ninguém, nem força alguma estava pressionando o maciço terroso e, então, o empuxo passivo é nulo. Pedro ia parar por aí sua viagem e, para sua surpresa, conseguiu aplicar na mãe natureza e em obras do homem o que aprendera em sua escola.

Caso D

Antes de terminar a viagem, Pedro viu um maciço recentemente desmoronado. Ele relembrou de uma experiência na qual o professor de Mecânica dos Solos tinha lançado solo em uma caixa de vidro e medido a inclinação das paredes formadas em uma quase pirâmide de areia. E o jovem pensou que cortaram esse talude com ângulo maior que o ângulo em repouso que a experiência mostrara em uma caixa de vidro.

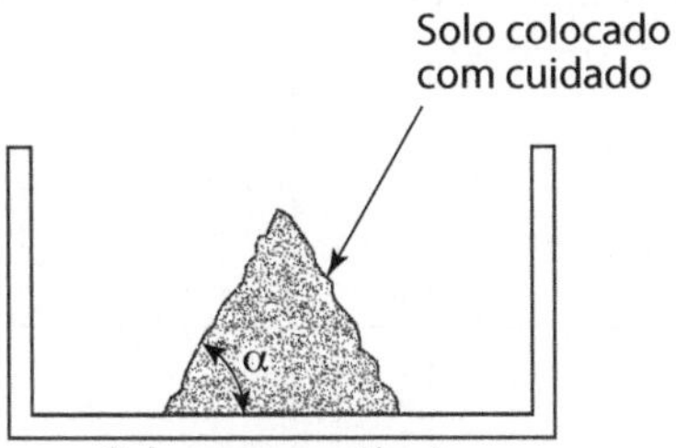

Solo em experiência
de laboratório

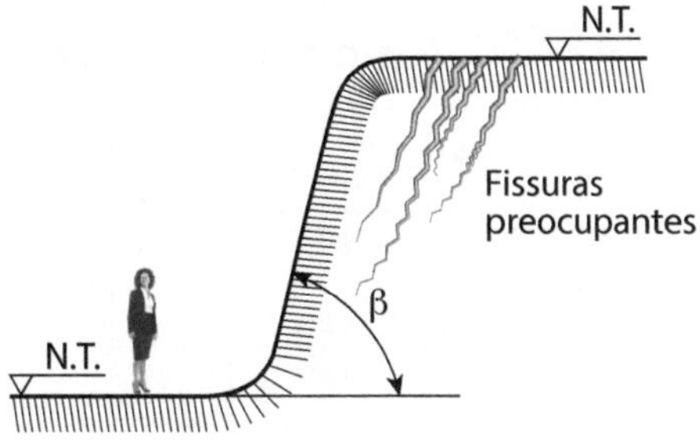

Maciço antes do desmoronamento

O ângulo da experiência α é chamado ângulo em repouso do solo e é quase igual ao ângulo de atrito interno do solo.

O terreno desmoronou pois β > α e não havia muro de arrimo.

Nota – Admitamos que estamos comprimindo com uma força F um maciço terroso. Existe, portanto, uma ação externa F e o solo reage e não desmorona face à sua resistência interna. A reação do solo, sendo um esforço reativo, é exatamente igual ao valor da força externa que atua. Aumentou F aumenta a reação do solo. Se aumentarmos ainda mais o valor de F, o solo em forma de cunha se desloca. Alcançamos a maior reação do solo que se chama Empuxo Passivo.

Anote, comente, desenhe...

10 Pré-dimensionamento de muros de arrimo, muros de gravidade e muros de concreto armado

No muito útil livro *Muros de arrimo*, da Editora Blucher, seu autor, engenheiro Osvaldemar Marchetti, apresenta, fruto de sua experiência, recomendações de dimensões externas para um pré-dimensionamento de muros de arrimo de gravidade (composto por pedras argamassadas e sem armadura) (grandes dimensões) e muro de arrimo de concreto armado. Vamos, usando as proporções indicadas, aplicar em dois exemplos.

Construção em concreto cicóplico. Pré-dimensionamento

Construção em concreto cicóplico. Seja H = 5,8 m. Adotando medidas pelo valor médio.

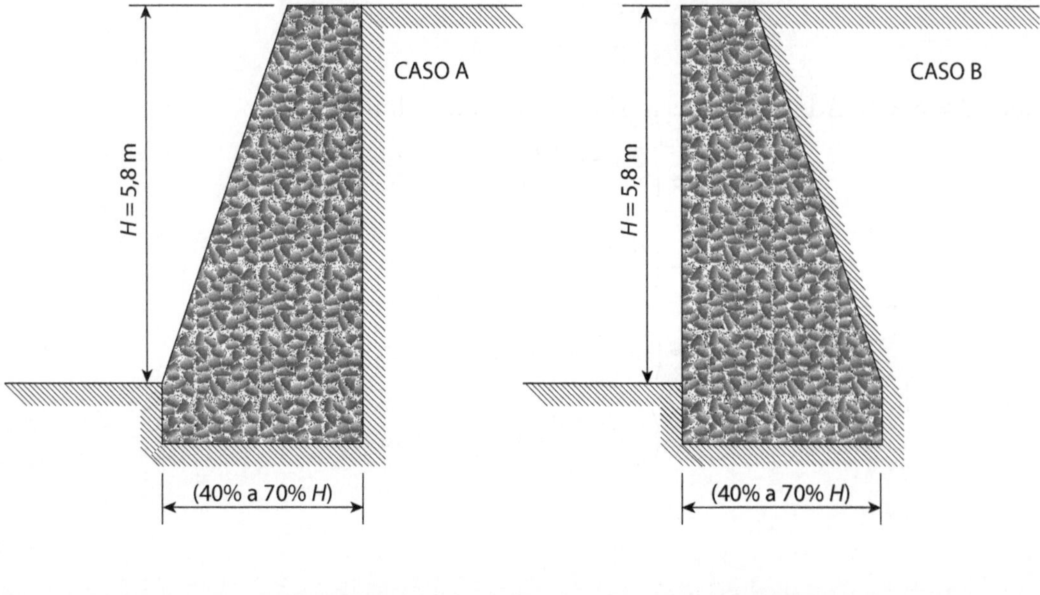

$$\text{Topo}\left(\frac{0{,}08+0{,}15}{2}\right)\cdot 5{,}8 = 0{,}67\ \text{m}$$

$$\text{Base}\left(\frac{0{,}4+0{,}7}{2}\right)\cdot 4{,}2 = 2{,}31\ \text{m}$$

Muros de arrimo de flexão. Pré-dimensionamento (concreto armado)
***H* = 5,2 m**

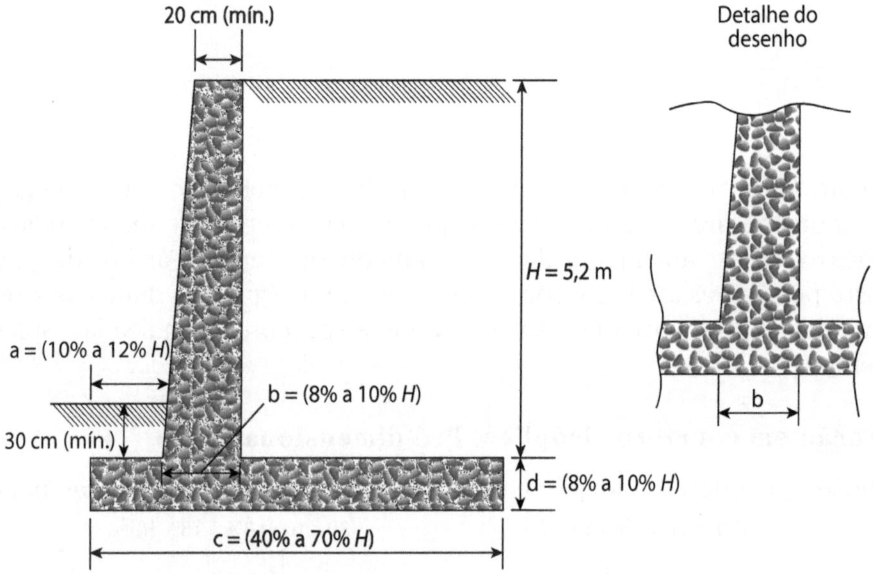

Seja H = 5,2 m. Adotamos o critério da média das dimensões:

$$a = \left(\frac{0{,}1+0{,}12}{2}\right)\cdot 5{,}2 = 0{,}57\ \text{m}$$

$$b = \left(\frac{0{,}08+0{,}1}{2}\right)\cdot 5{,}2 = 0{,}46\ \text{m}$$

$$c = \left(\frac{0{,}4+0{,}7}{2}\right)\cdot 5{,}2 = 2{,}8\ \text{m}$$

$$d = \left(\frac{0{,}08+0{,}1}{2}\right)\cdot 5{,}2 = 0{,}46\ \text{m}$$

Drenagem em muros de arrimo

Reprisemos:

Muros de arrimo retendo, no seu maciço terroso, água de chuva têm dois agravantes, favorecendo sua tendência ou de escorregamento ou aumentando desnecessariamente os esforços sobre a estrutura de contenção, que são:

1. a presença de água preenchendo espaços vazios do solo aumenta seu peso específico e, portanto, aumenta os esforços sobre a estrutura de contenção (muro de arrimo);
2. a umidade diminui a resistência ao cisalhamento do solo, e, com isso, a tendência ao deslizamento aumenta.

Em face de tudo isso, faça sempre um sistema de drenagem no seu muro de arrimo, expelindo a umidade do solo proveniente das chuvas. Existem vários sistemas de drenagem possível e todos são aceitáveis. A única coisa não aceitável é não existir drenagem em muros de arrimo.

Veja alguns exemplos:

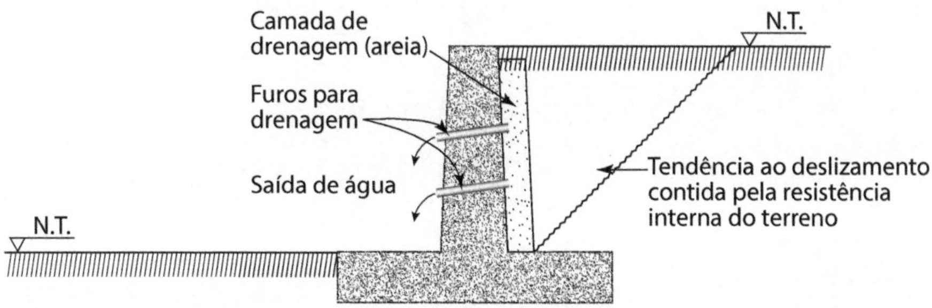

Nota – Mesmo sem muro de arrimo devemos fazer drenagem em taludes produzidos, pois essa drenagem sempre faz o que dela se deseja, a saber:

- ao drenar maciços terrosos diminui-se seu peso próprio causado pela umidade;
- a drenagem evita a diminuição da resistência ao cisalhamento do solo.

Veja:

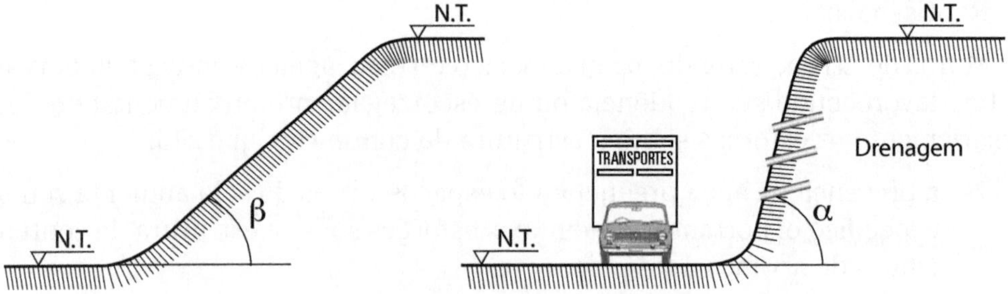

Usando drenagem podem fazer o corte: $\alpha > \beta$

A solução de fazer drenagem em maciços terrosos sem muros de arrimo é muito usada em estradas.

11 Compactação e adensamento de solos: introdução

Os assuntos compactação de solos e adensamento de solos, dois conceitos importantíssimos da Mecânica dos Solos, por vezes, confundem o jovem leitor. Vamos, então, procurar esclarecer cada um deles, inclusive por suas importâncias conceituais e práticas na Construção Civil.

Em ambos os casos, mexemos ou sofremos com os solos.

Na compactação de um solo, expulsamos o ar de uma amostra de solo e, com isso, essa amostra diminui de volume. Isso acontece no dia a dia das obras.

No adensamento de um solo, por nossa interferência ou por interferência da natureza, a água sai do solo, reduzindo seu volume. Isso acontece de várias formas, atingindo, por exemplo, as fundações de prédios.

Vamos, então, explicar com detalhes cada um desses dois conceitos.

11.1 A compactação de solos

Pegue um recipiente de vidro limpo e encha de grãos de arroz. Digamos que 75% da altura do recipiente ficou cheia do cereal. Agora, com cuidado, bata exteriormente no recipiente com uma faca gerando uma vibração. Aí você verá que acontece, por causa da vibração, uma acomodação dos grãos que, agora, ocupam não mais 75% da altura, e sim 65% da altura. Aconteceu uma compactação (redução de volume) em face da acomodação. A única coisa que saiu do recipiente foi o ar que, antes, ocupava muito espaço entre os grãos de arroz. A compactação de solos é a mesma coisa. Um solo, quando é compactado, tem seu volume reduzido, pois diminuem os vazios, e ele ganha resistência, aumenta seu peso específico e resiste mais a eventuais esforços de recalque.

Equipamento de compactação de solos.

Como fazer a compactação de solos?

Em grandes obras, para a compactação, usamos tratores especiais; um deles é conhecido por compactador pé de carneiro. Para obras pequenas e trabalhos em valas usamos desde um socador manual até um socador mecânico, conhecido como “sapo”.

Socador mecânico

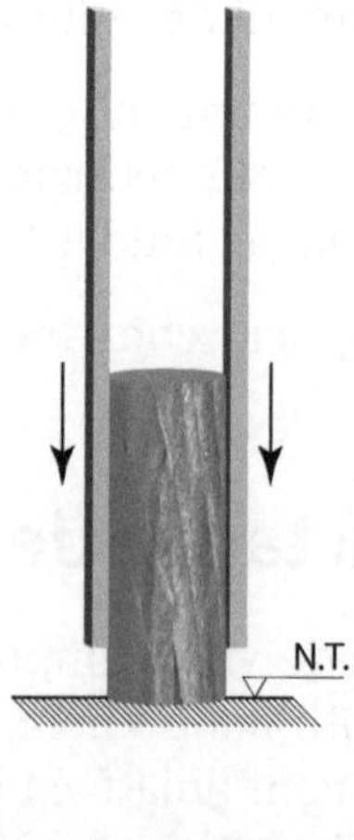

Socador manual

Sempre se deve compactar por camadas (de, no máximo, 30 cm) e procurando fazer com que o solo tenha a umidade que gere, depois da compactação, um solo de maior peso específico. Obras malfeitas de compactação, do tipo feita sem a compactação por camadas, sem respeitar a procura por umidade ótima, irão gerar um maciço terroso de má qualidade (má resistência, grande compressibilidade) e não adiantará compactar por cima do maciço, pois o esforço de compactação não atingirá as camadas de solo desejadas.

A umidade do solo usada na compactação é algo importantíssimo e, em grandes obras de compactação, coloca-se um engenheiro e um minilaboratório ao lado da obra para a medida da umidade do solo a usar e, por exemplo, um aparelho de Proctor. Se o solo a usar estiver seco e abaixo da umidade ótima devemos umedecer esse solo já no local final e molharemos com caminhão pipa gotejador de água com muitas passagens.

Vimos, portanto, que a compactação existe para aproximar partículas de partículas, expulsando o ar, tendo em vista obter-se um produto de maior peso específico, maior resistência e de menor tendência a recalques.

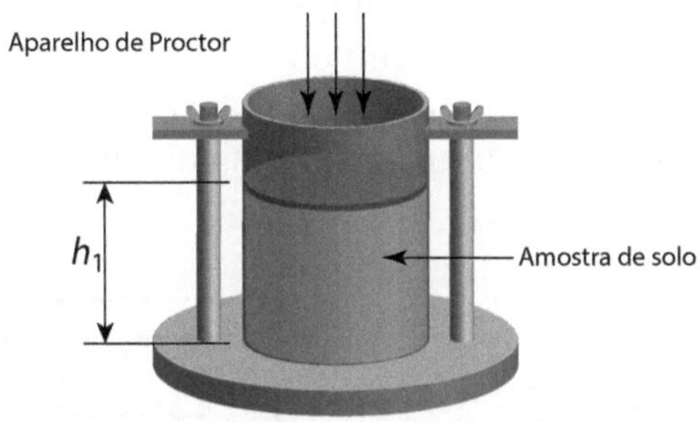

Aparelho de Proctor e a sequência de uso.

Adiciona-se certa quantidade de água à amostra, e essa amostra de solo é comprimida pela socagem, chegando-se a uma altura $h_2 < h_1$. Coloca-se, então, mais água na amostra, e a amostra de solo é comprimida, gerando $h_3 < h_2 < h_1$. Coloca-se mais umidade na amostra de solo, e a amostra continua a ser comprimida, gerando, agora, $h_4 < h_2$. Coloca-se mais umidade na amostra, e ela é comprimida pelo soquete, gerando agora $h_5 > h_4$. Conclusão: Como a amostra de solo é a mesma em todas as experiências há uma umidade específica que gera a maior compacidade (maior peso específico).

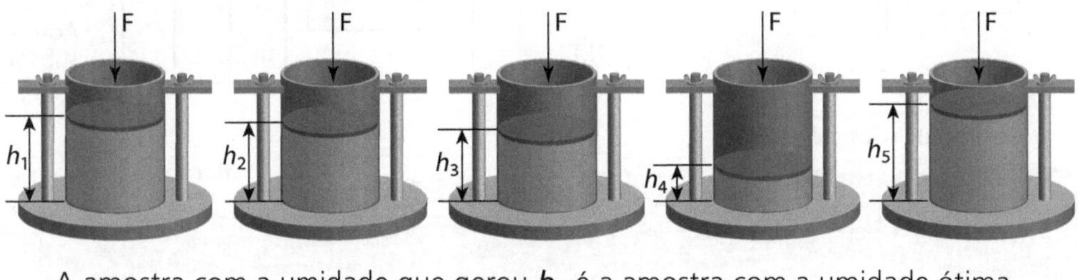

A amostra com a umidade que gerou h_4 é a amostra com a umidade ótima.

11.2 Adensamento dos solos

Peguemos uma mistura de café com sua parte sólida (o pó) e a água e vamos jogar essa amostra no coador. Imediatamente, acontece a filtragem, saindo muito líquido da mistura que está no coador. Passado esse momento, entramos no segundo momento, quando sobra, no coador, a chamada "borra", que continua a perder água, agora mais lentamente, e que também vai tendo seu volume reduzido. Esse segundo fenômeno na Mecânica dos Solos chama-se "adensamento".

Ocorre adensamento em várias situações da Construção Civil, do tipo:

a. Uma casa de alvenaria está apoiada por sapatas, em um solo com alto lençol freático. Decide-se construir um prédio ao lado, com vários níveis de andares subterrâneos, para as garagens desse prédio. Para fazer as obras, a construtora do prédio promoveu o rebaixamento do lençol freático. Com isso, todos os terrenos em volta dessa obra sofreram adensamento com o implacável recalque e surgiram trincas na alvenaria da casa ao lado.

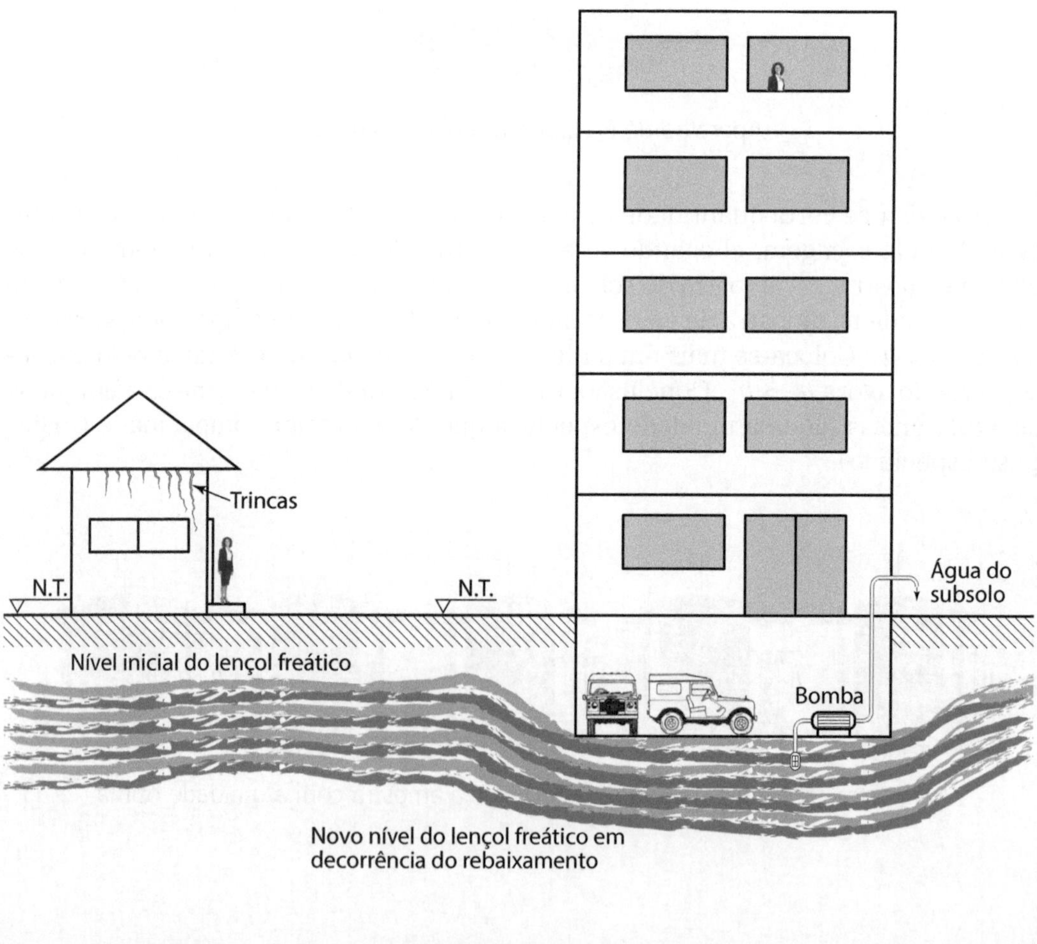

b. O caso da Torre de Pisa: por causa do adensamento desigual, uma parte do solo recalcou mais do que os outros e, com isso, a torre se inclinou, tornando o local famosíssimo (Pisa, Itália).

Existem casos em que podemos apressar o adensamento e um deles é na construção de aterros de estradas. Ao fazermos um aterro para atravessar um vale sabemos que haverá adensamento do maciço, trazendo problemas no uso da estrada (recalques) e, com isso, danos ao pavimento.

Uma ideia muito usada é acelerar a saída de água do maciço fazendo drenos verticais e horizontais usando areia. Essas condições criadas farão com que a água do maciço saia mais rápido e, com isso, acelera-se o adensamento.

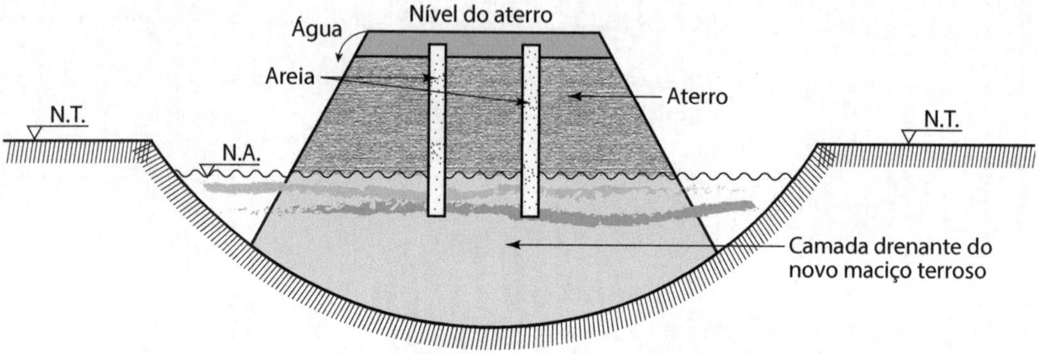

Esses drenos são chamados de "estacas de areia", cujo único objetivo é pegar água do maciço terroso e expulsá-la, acelerando o processo de adensamento, que costuma ser muito lento.

Nota – O adensamento de solos arenosos é rápido, pois, nesses solo a água é facilmente expulsa. O adensamento de solos argilosos é lento, muito lento, podendo levar meses ou anos.

12 Escoramento de valas

É muito comum abrirem-se no solo valas e grandes escavações. Valas são usadas em pequenas obras (como em sistemas públicos de esgoto) e outros sistemas públicos subterrâneos. Escavações são obras maiores e usadas, por exemplo, na construção de subsolo de edificações.

Vamos nos limitar a um estudo de valas.

Vários fatores devem ser considerados no projeto e execução dessas obras, para impedir ou minorar os riscos de desmoronamentos. Exemplos de fatores a considerar:

- tipo de solo;
- profundidade da escavação;
- sistema de contenção do solo.

Existem obras de valas com quase nenhum sistema de contenção. Valas em solos argilosos são um exemplo, mas sempre com limitação da profundidade da escavação. Este autor acompanhou a execução de uma obra do sistema de esgotos no alto de uma montanha, onde foram abertas valas em solo altamente argiloso, com cerca de 2,5 m de profundidade e 1,5 m de largura. Em face do fato de o solo ser argiloso, o qual permite cortes mais estáveis nos terrenos, nenhum escoramento foi previsto para proteger as valas. Mas, por cautela, a cada 15 m a vala era escorada por um simples dispositivo de contenção.

Alerta-se que, para escavações, são necessários estudos geotécnicos bem detalhados.

Existem vários sistemas de contenção, desde as rústicas estruturas de madeira até o uso de sistemas com estacas pranchas metálicas.

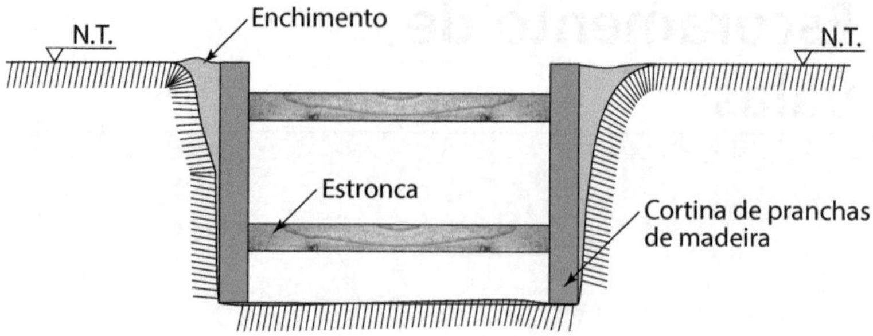

Temos também o escoramento contínuo e o escoramento descontínuo.

De maneira genérica, repisamos, podemos ter obras de vala com:

- nenhuma contenção, quando o terreno é de argila dura – costuma ter apenas um escoramento a cada 5 m a 10 m;
- escoramento descontínuo, ou seja, uma prancha de madeira na vertical, a cada 3 m na horizontal;
- escoramento contínuo.

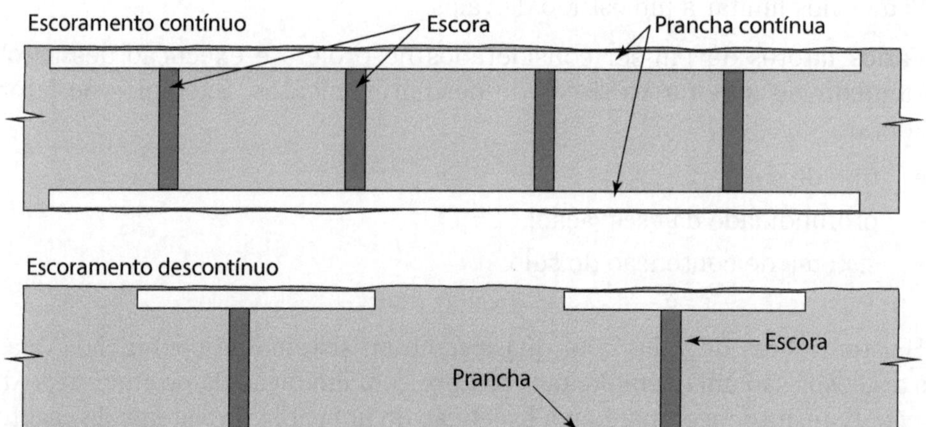

O escoramento de valas, por poder envolver vidas humanas, deve ser planejado por um profissional experiente.

Nota – Em uma contenção contra o desmoronamento dos taludes, usando estacas pranchas (metálicas), a profundidade de ficha é muito importante. Essa observação vale para várias outras soluções de escoramento que usam o próprio solo para evitar o desmoronamento.

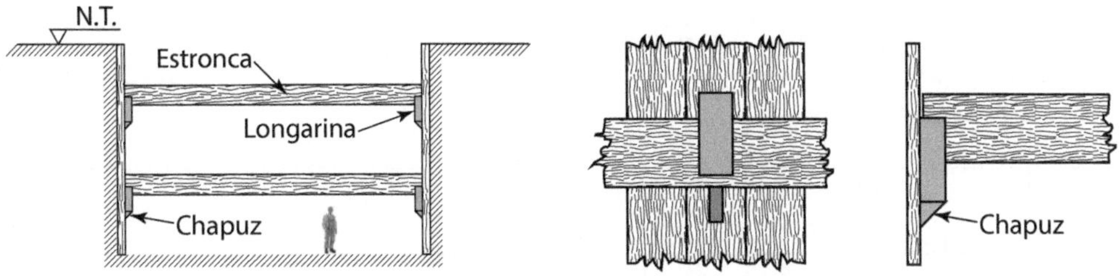

Posição de um chapuz.

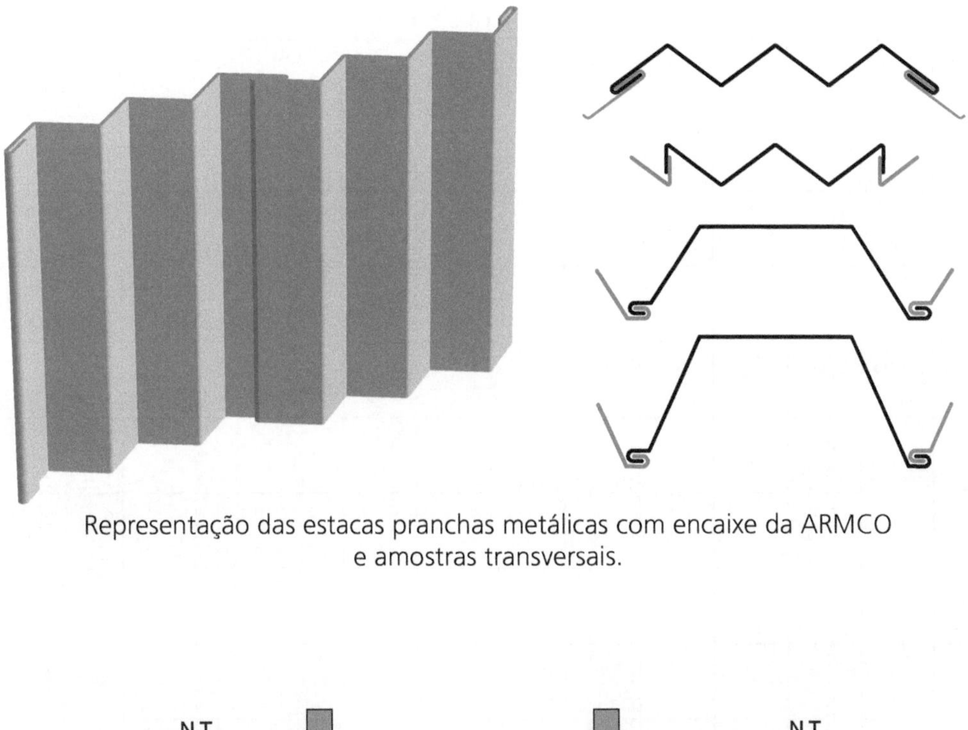

Representação das estacas pranchas metálicas com encaixe da ARMCO
e amostras transversais.

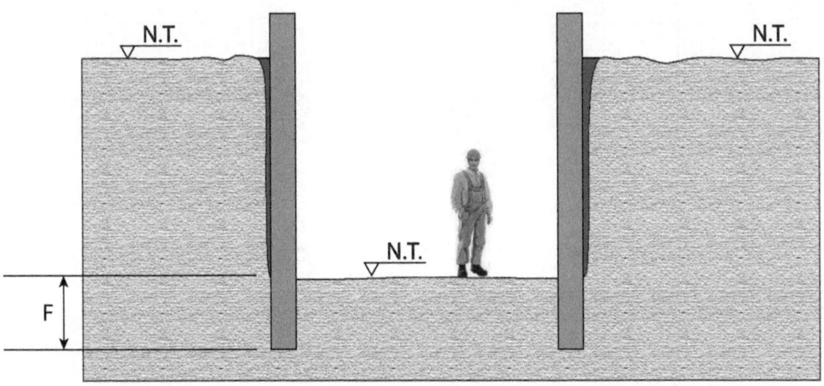

F – ficha

Anote, comente, desenhe...

13 Cisalhamento dos solos: coesão e ângulo de atrito interno

O estudo do cisalhamento tem uma importância significativa na Mecânica dos Solos, pois permite o estudo da estabilidade de maciços terrosos. Chamamos cisalhar a situação de corte e deslizamento entre a superfície de dois sólidos. É um tipo de cisalhamento maciço terroso se uma parte escorregar sobre a inferior. Houve um cisalhamento.

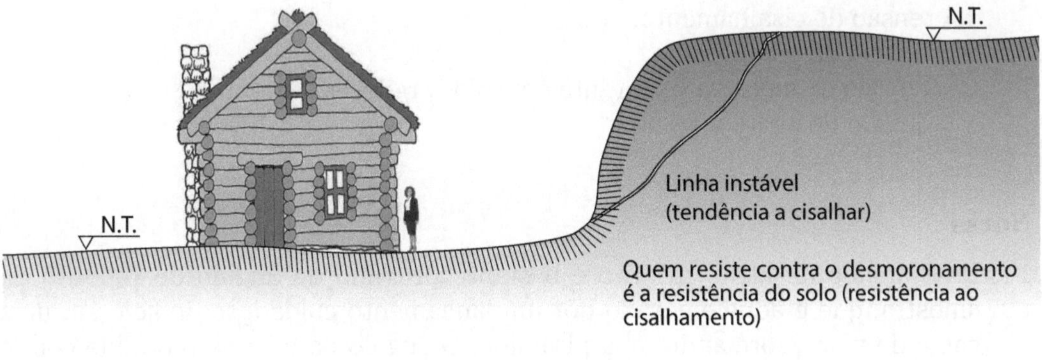

Para medirmos as variáveis envolvidas, saibamos que existem dois testes de medida do cisalhamento de um solo. São eles:

- método de cisalhamento direto;
- ensaio triaxial do solo, que é mais confiável.

Analisemos o método de cisalhamento direto. Pegamos uma amostra do solo e a colocamos em uma caixa que permite o deslocamento horizontal de duas partes.

Nessa caixa colocamos pedras porosas em cima e em baixo da amostra de solo. O dispositivo permite comprimir a amostra com valores variáveis. Vamos cisalhar esse solo e medir a tensão de cisalhamento referida à compressão. Fazendo isso para várias amostras, já que o teste destrói cada amostra, podemos gerar o gráfico a seguir.

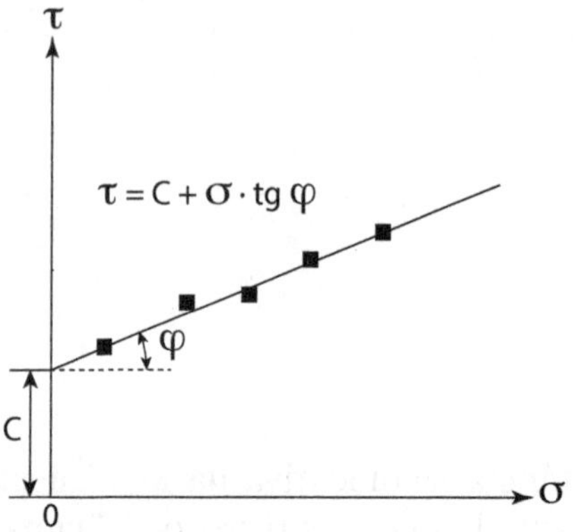

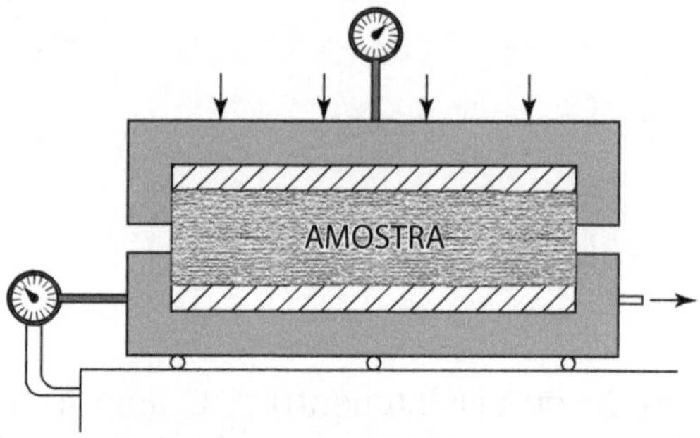

Ensaio de cisalhamento direto
mais simples e que também fornece os dados

Notemos:

τ = tensão de cisalhamento;
σ = tensão de compressão;
C = coesão da amostra (existente em solos argilosos);
φ = ângulo de atrito interno.

Notas

1– Esse ângulo de atrito interno é bastante próximo do ângulo de repouso da amostra, que é aquele gerado por um lançamento cuidadoso do solo em uma caixa de vidro, formando uma pirâmide. O ângulo da face da pirâmide com o plano horizontal é o ângulo de repouso do solo.

2– C é a coesão do solo, ou seja, a força que mantém unidas as partículas. Para a areia, C é igual a zero, pois não existe coesão entre as partículas, com exceção da areia úmida, que tem alguma coesão temporária.

Com esse gráfico, temos as variáveis citadas para vários estudos de equilíbrio de maciços terrosos.

Todavia, esse ensaio de cisalhamento direto é considerado grosseiro e, então, surgiu o ensaio triaxial de medida de cisalhamento.

13.1 Ensaio de cisalhamento triaxial

Recordemos que se chama cisalhamento o esforço de cortar uma peça. Quando colocamos muitas folhas de papel soltas tentando vencer um vão, não conseguiremos, pois uma folha escorrega em relação à outra. A amostra de folhas está totalmente cortada, ou seja, cisalhada. É de interesse saber quanto de esforço de cisalhamento um solo resiste. Lembremos que a estabilidade de taludes depende, entre outros fatores, da resistência ao cisalhamento do solo constituinte desse talude.

Seja um terreno e tiremos dele uma amostra que se considera como representativa. Amostra representativa em solos é sempre algo difícil, pois o solo natural pode mudar* suas características em pequenas distâncias.

Admitamos, no entanto, que temos uma amostra representativa do solo, e vamos determinar sua resistência ao cisalhamento por um teste padrão. A primeira ideia é simular, nesse laboratório, a natureza colocando uma amostra em um recipiente para fazer um simples ensaio de corte. Veja:

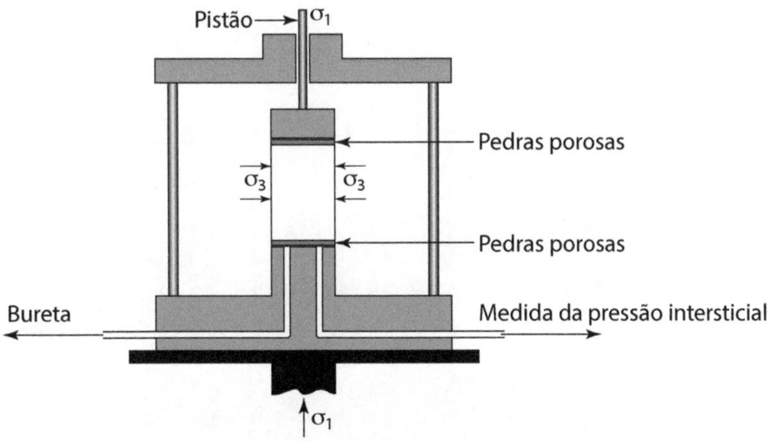

Equipamento de ensaio triaxial.

Leia-se no *Manual técnico geotêxtil Bidim*, página 15**

> Os ensaios triaxiais são efetuados em câmaras cilíndricas onde se coloca a amostra envolvida por uma membrana de borracha muito delgada.
> A câmara é cheia de líquido que pode ser submetido ao σ_3. A ruptura é obtida com o σ_1.
> Usando-se os pares (σ_1, σ_3) obtidos no ensaio, traçam-se os círculos de Mohr e em seguida a envoltória de Coulomb. Obtêm-se então φ e C.

* (e como muda...)

** PEIXOTO JÚNIOR, T. de L.; FELEX, J. B. Mecânica dos solos e hidrologia aplicada a pequenas obras: um resumo introdutório. In: *MANUAL técnico geotêxtil Bidim*. São Paulo: Rhodia, 1990. p. 1-24.

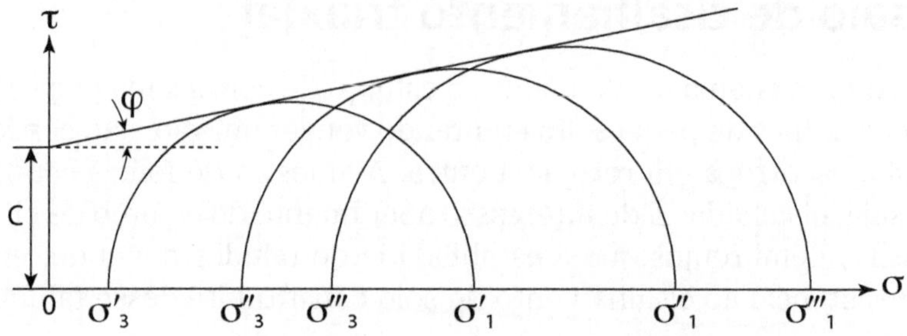

Envoltórias de Coulomb no ensaio triaxial

C é o valor de coesão da amostra de solos. Para solos estritamente arenosos (areia de praia, por exemplo), C é igual a zero.

14 Rebaixamento do lençol freático

Em locais onde fazemos escavações, se o lençol freático for alto, entrará água do solo na nossa escavação. Isso causará problemas na obra, que pode ser, por exemplo, a construção de uma rede de esgotos, rede pluvial etc. Temos de minimizar a entrada de água na escavação. Um primeiro processo é deixar a água entrar, fazendo-se um poço de coleta e bombeando-se para longe da escavação a água que entrou nela.

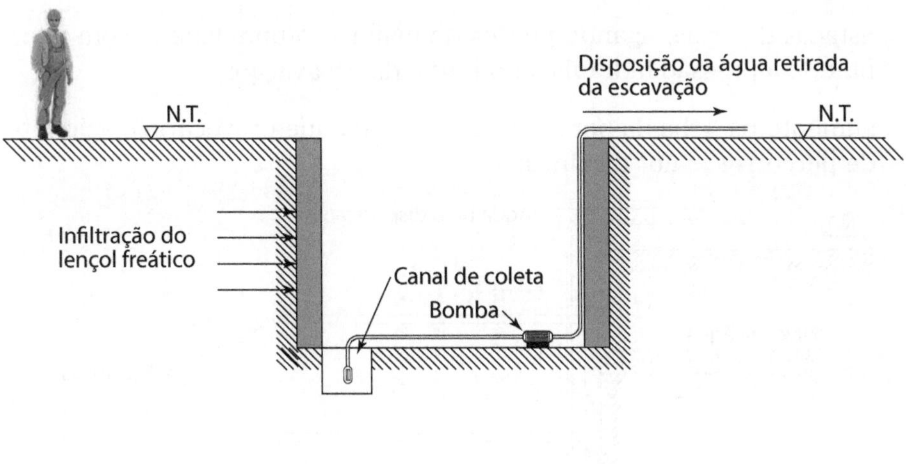

Existem sistemas de ponteiras drenantes que, por formação de vácuo em pontos externos à escavação, não deixam a água entrar na escavação. As ponteiras drenantes são ligadas entre si e, por meio de uma bomba de vácuo, succionam a água do lençol freático das proximidades.

Existem também outros processos mais sofisticados e equipamentos de propriedade de firmas especializadas em obras de terra.

O rebaixamento do lençol freático é algo delicado e, por vezes, problemático, pelos efeitos que causa para os vizinhos. Obras de porte médio já necessitam da colaboração de um profissional especialista no projeto, na execução e no acompanhamento da operação dos sistemas.

Ao consultarmos vários engenheiros de obra, eles contaram que o assunto rebaixamento do lençol freático é um dos mais delicados da Construção Civil.

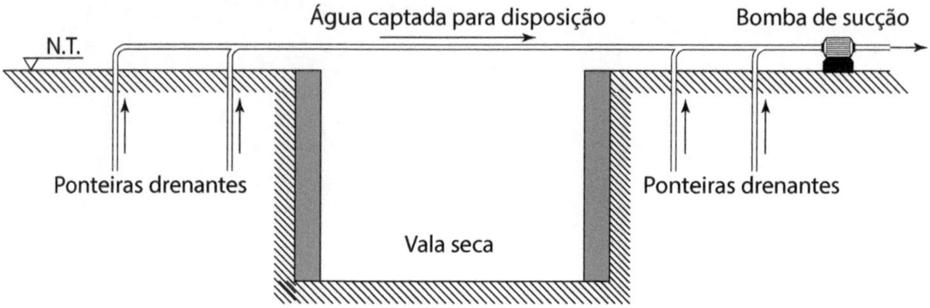

Nota – Explicando os cuidados com o rebaixamento do lençol freático e, principalmente, o fenômeno do colapso do fundo, mostramos um esquema em que o colapso do fundo está próximo de ocorrer com grandes danos à obra.

Para combater esse risco, temos duas armas que podem ser usadas ao mesmo tempo e que são:

- estacas de areia, ligando pontos de maior profundidade e, com isso, diminuindo a pressão hidráulica no fundo da escavação;
- aumento da ficha da obra, forçando a água que provocaria o acidente a ter de percorrer maior distância.

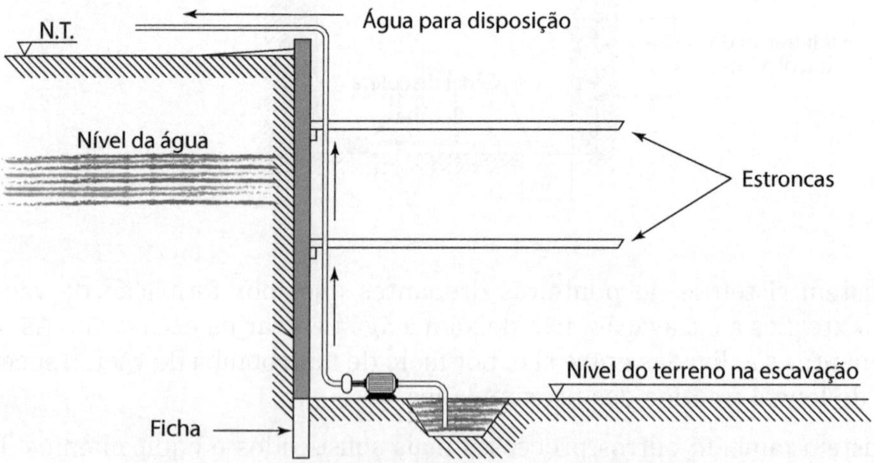

Rebaixamento do nível de água com bombeamento.

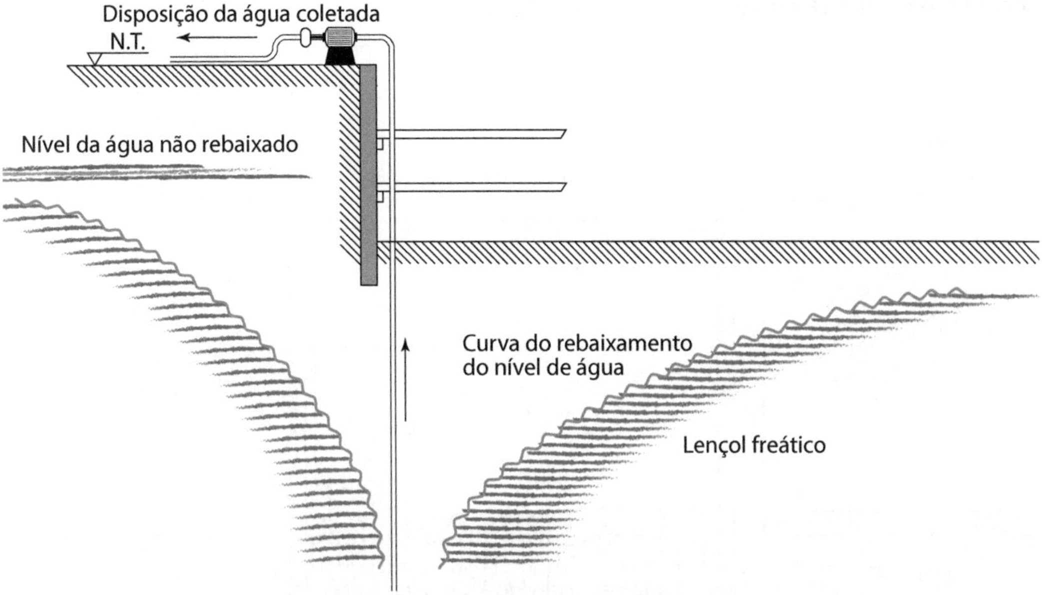

Rebaixamento do nível de água com poços filtrantes.

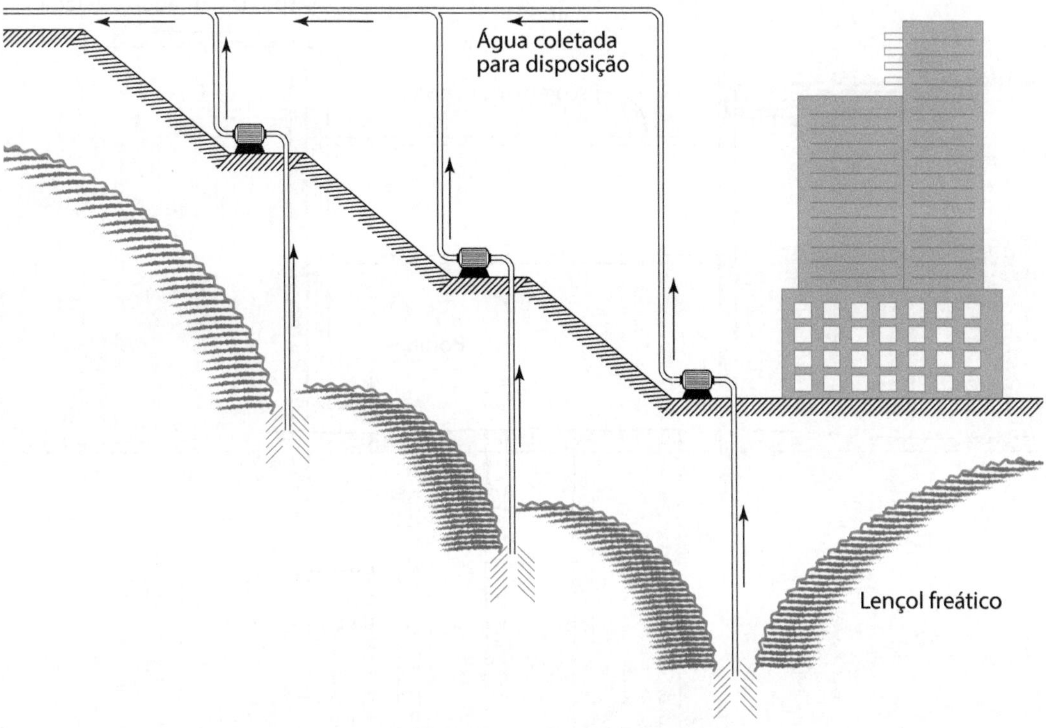

Rebaixamento do lençol freático com ponteiras em vários níveis.

Acidente e técnica correta de cuidado de obra

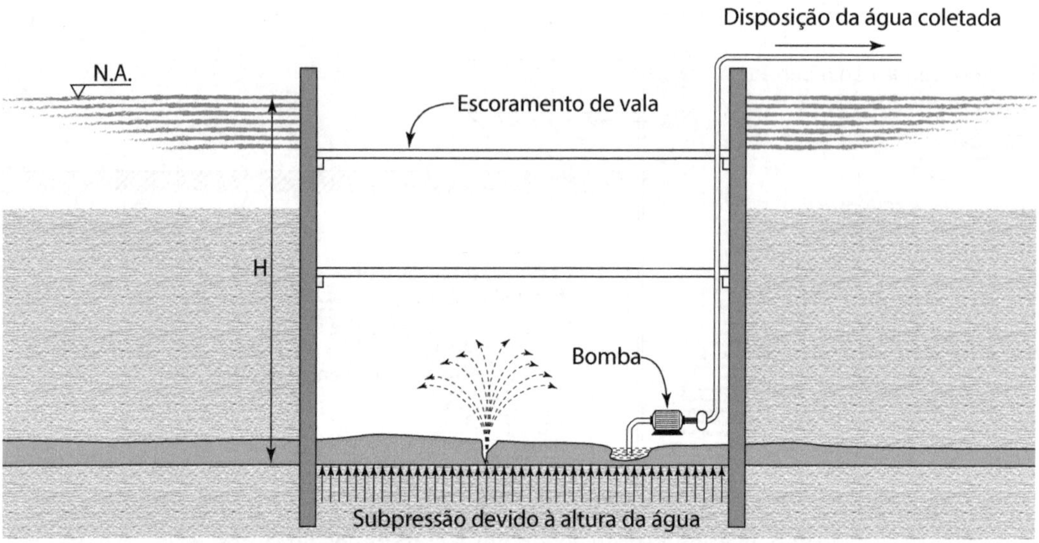

Ruptura do fundo de uma escavação terminada na argila, devido à subpressão da água.

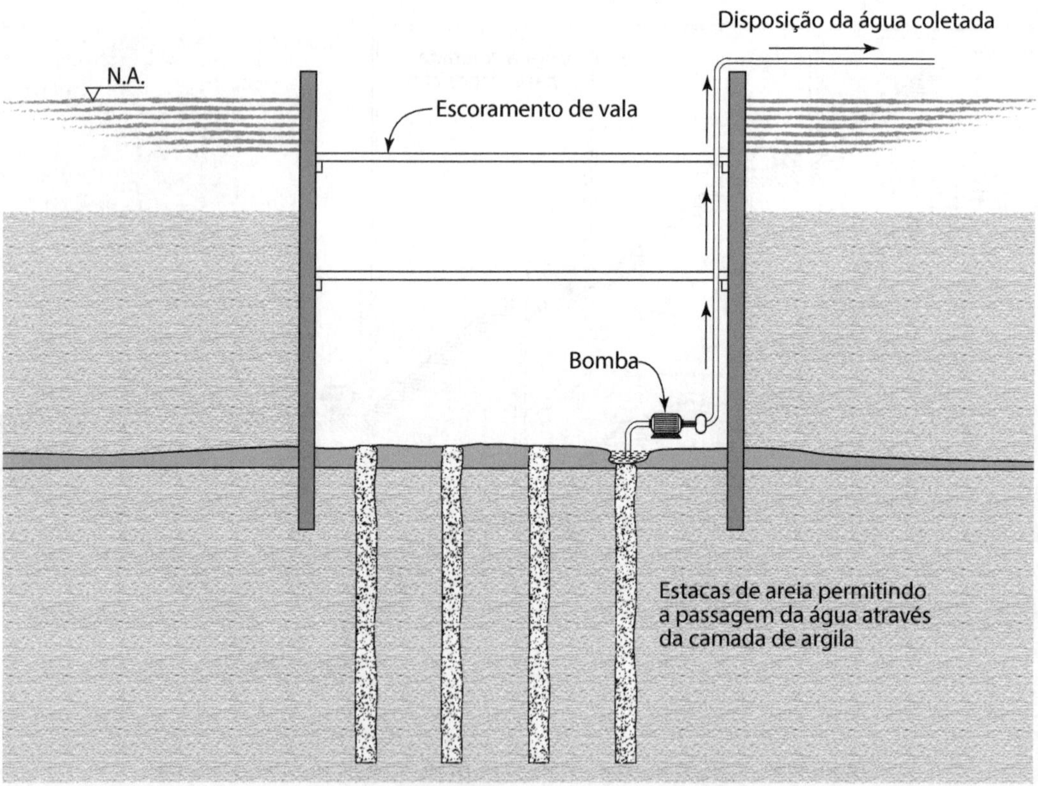

Estacas de areia eliminando o perigo de ruptura indicado na figura anterior.

15 Índice CBR para Engenharia Rodoviária

O ensaio CBR (Índice de Suporte Califórnia) tem o objetivo de testar e classificar solos para o projeto e construção de estradas de rodagem.

No ensaio de CBR mede-se a resistência à compressão de uma amostra de solo saturada compactada segundo o método Proctor. O valor da resistência à penetração é computado em porcentagem, sendo que 100% é o valor correspondente à penetração em uma amostra de brita graduada de elevada qualidade que foi adotada como padrão.

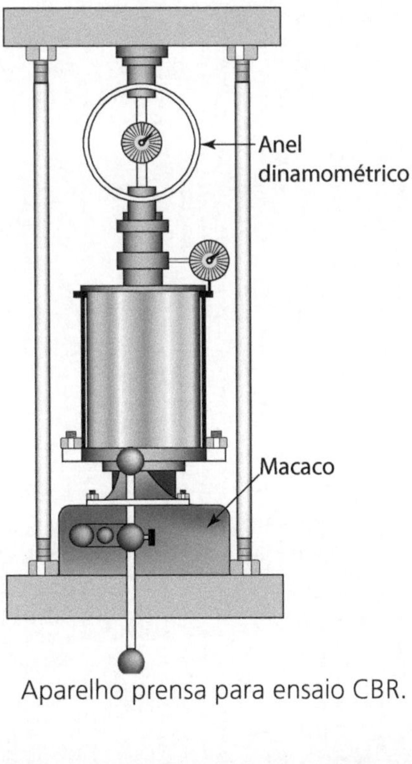

Aparelho prensa para ensaio CBR.

Trata-se de um ensaio concebido para avaliar a resistência ou a capacidade de suporte de materiais de camadas de pavimentos e subleitos. É um ensaio penetrométrico, no qual um pistão cilíndrico penetra a amostra a uma velocidade padrão.

A equação de determinação do Índice CBR é a relação da carga que produz uma penetração de 2,5 mm no solo, em estudo com a carga que produz uma penetração de 2,5 mm no solo padrão (brita).

Solos argilosos têm CBR da ordem de 2%, e solos arenosos com pedras têm CBR da ordem de 70%.

O índice CBR é muito usado para dimensionamento de pavimentos estradais flexíveis.

Nota – Ver normas:

- ABNT NBR 9895:2009;
- Norma rodoviária Método de Ensaio DNER-ME 254/97.

16 Obras estéticas de areia, sempre pouco duráveis

Atribui-se ao material de construção areia o aspecto de não ter coesão, ou seja, as suas partículas não têm ligação umas com as outras, diferentemente do material argila, em que essa coesão interna é grande, podendo até ser moldada sem queima, resultando em peças com longa vida útil (construção de pau a pique, construções de barro socado, ainda existentes em cidades históricas). Dessa forma, pensar em usar a areia para esculpir modelos humanos ou miniaturas de castelo pareceria uma impossibilidade. Todavia, acontece que a areia úmida tem certa coesão temporária, dada por essa umidade. Todos nós sabemos que, no trecho da praia com areia úmida, podemos até passar com um carro sem que ele fique preso na areia, pois nesse trecho úmido a areia tem uma coesão. Se tentássemos andar com o carro na areia seca ele não andaria, nem decímetros.

A umidade da areia que causa essa coesão interna, enquanto essa umidade existir, tem incentivado os artistas a se desenvolverem na arte e técnica de produzir lindas esculturas na areia. Por exemplo, esculturas reproduzindo o ser humano ou miniatura de castelos. Mas tudo acaba ou desmorona quando a escultura começa a perder umidade e, então, a coesão interna temporária da areia desaparece. Daí nasceu a expressão "castelo de areia" associado a uma situação efêmera, que se desmancha com o tempo.

Castelo de areia.

Nota – Um professor da disciplina Materiais de Construção, de uma faculdade de tecnologia, colecionou para exposição aos alunos sete vidros com amostras de areia com cores diferentes, como areia quase branca, ligeiramente acinzentada, amarelada, avermelhada, cinza, azulada e areia negra. Mas alertou: essas sete amostras de areia têm essas cores diferentes por serem provenientes de sete locais de lavra (exploração) diferentes. Mas todas, na prática, funcionam de forma semelhante.

17 Aterros

Chamamos aterro uma obra feita pelo homem, sendo uma transferência de solos de um local para outro.

Normalmente, depois que foi lançado o solo sobre um novo local, temos interesse que ele tenha a maior compacidade (peso específico), do que decorre sua maior resistência e menos recalques. Para dar essa compacidade ao solo em novo local devemos compactar esse solo. Para isso, em pequenas obras para compactar o solo, podemos usar equipamento individual, manual ou mecânico, chamado "sapo".

Para obras maiores, usaremos grandes tratores, como os do tipo "rolos pé de carneiro".

Tipos de tratores equipados com pé de carneiro.

Observação – As camadas do solo devem ser compactadas em camadas de solos com espessura máxima de 30 cm e ajustando-se seu teor de umidade próximo à umidade ótima (teste de Proctor).

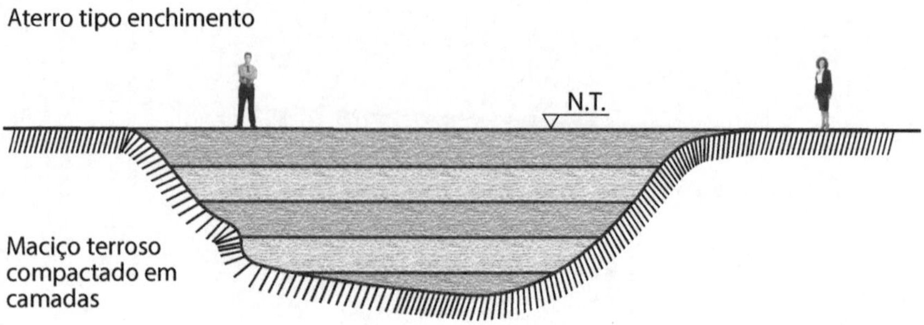

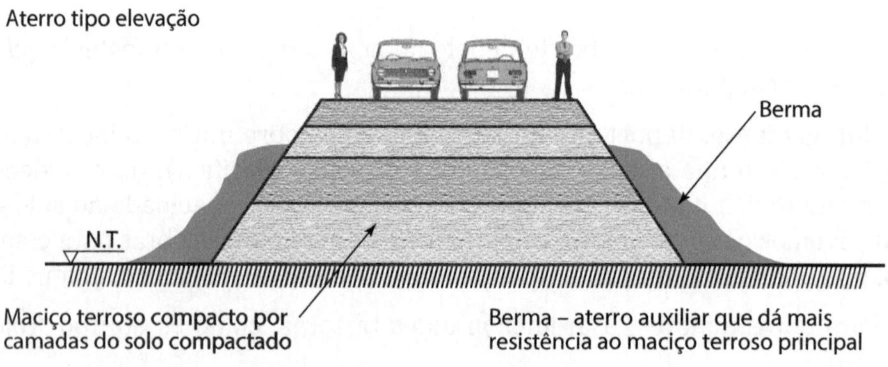

Informações pessoais a este autor do saudoso engenheiro Jason Pereira Marques, especialista em solos, sobre detalhes da vida profissional:

> No aterro (1ª classe) com altura de 2,5 m, para cobrir uma área de 12.000 m^2 ~ (100 m × 120 m) e servir de apoio para uma fundação direta, deverá ser utilizado um SOLO ALGO ARGILOSO. Este aterro deverá ser executado em camadas lançadas (caminhão basculante), espalhadas (motoniveladora) na espessura de 0,30 m (usual) e compactadas (rolo pé de carneiro). Neste exemplo, as especificações técnicas recomendam uma (%) de compactação entre 95 e 100 e um desvio de umidade (%) entre –2 e +2, em relação aos valores obtidos no Ensaio de Proctor Normal (densidade máxima e umidade ótima). Tradicionalmente, o método de HILF fornece, no campo, os valores que são comparados com os valores do Proctor Normal.

No aterro (2ª classe) com altura de 2,0 m para recompor uma área de 15.000 m^2 ~ (100 m × 150 m) e servir de apoio para um jardim poderá ser utilizado um SOLO ALGO ARENOSO OU SILTOSO na sua totalidade, prevendo-se que, nos últimos 0,60 m, seja aplicado um SOLO ALGO ARGILOSO, que vai propiciar uma capa de proteção impermeável e necessária. Esse aterro não requer controle de compactação, mas recomenda-se que seja executado nos moldes do aterro (1ª classe).

Nota curiosa – Uma prefeitura do interior do Estado de São Paulo, para atrair indústrias que geram empregos e aumento de arrecadação de tributos municipais, desapropriou grande área para ser um novo distrito industrial e oferecia, gratuitamente, grandes lotes com as seguintes características:

1– absoluta qualidade dos documentos de posse de área, cedida gratuitamente. Essa cessão tinha sido aprovada pela Câmara Municipal e, portanto, era uma lei;

2– se o terreno precisasse de corte de solos, a prefeitura faria de graça o corte com suas máquinas e pessoal;

3– se o terreno precisasse de aterro, a prefeitura conseguiria uma área de empréstimo e ela mesma, com seu pessoal, faria de graça o aterro.

Uma determinada indústria, que tinha um engenheiro consultor, pediu a ele sua opinião, pois estava interessada na oferta. A resposta do engenheiro foi:

1– Recebam o terreno.

2– Se precisar fazer corte, deixe a prefeitura fazer o corte, mas sob nosso acompanhamento, inclusive topográfico, principalmente para que não haja excessos de corte.

3– Pode ser que precisemos fazer um aterro. Jamais, jamais, jamais deixem a prefeitura fazer o aterro do local. Primeiro, devemos ver qual a qualidade do material da área de empréstimo. Lembremos que aterros malfeitos são uma calamidade e difíceis de corrigir. Nós mesmos devemos fazer o aterro, por camadas, selecionando cuidadosamente o material a lançar, controlando a umidade do solo depositado e verificando a compacidade que será dada pela passagem de máquinas de terraplenagem de compressão.

E tão logo terminem as obras de solo, fazer:

- excelente levantamento topográfico cadastral usando marcos amarrados a sistema oficial;

- fazer sondagens tipo SPT e a trado. Com o resultado das sondagens, um engenheiro de solos deve fazer um relatório sobre as conclusões dos resultados.

Pergunta: Como saber, em um local, se parte de um terreno sofreu aterro no passado?

Resposta: Isso é tarefa para um profissional experiente, e um dos critérios de análise é verificar se o local suspeito tem as mesmas características geológicas que o entorno.

Notas

1– É comum, para dar estabilidade a grandes aterros usados em estradas e barragens de terra, o uso de bermas, que são prolongamentos laterais dos aterros.

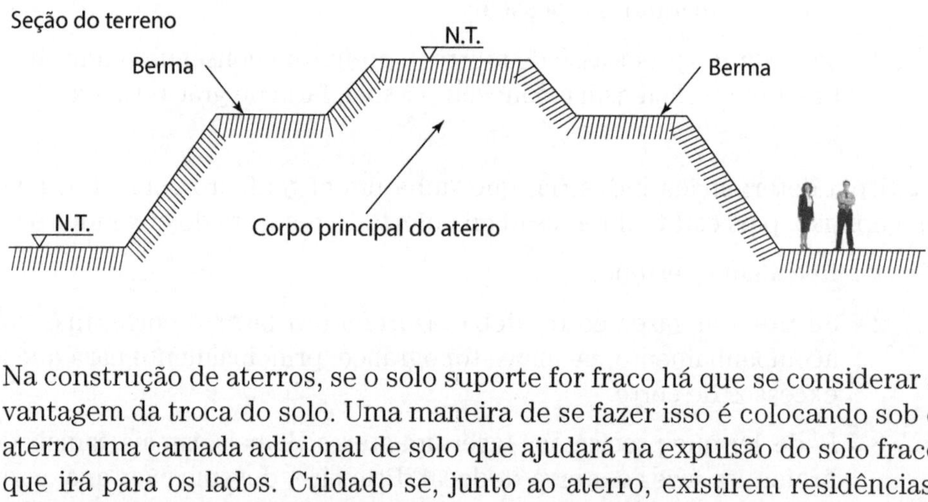

2– Na construção de aterros, se o solo suporte for fraco há que se considerar a vantagem da troca do solo. Uma maneira de se fazer isso é colocando sob o aterro uma camada adicional de solo que ajudará na expulsão do solo fraco que irá para os lados. Cuidado se, junto ao aterro, existirem residências, pois estas poderão ser danificadas por essa expulsão.

3– Como todo maciço de solo tem umidade, que tenderá a sofrer um lento adensamento com seus recalques, uma das ideias, se o aterro for de uma estrada, é ir aceitando o afundamento do solo, sendo esse aterro realimentado por camada de novos solos. Em estradas municipais vicinais e de terra, esse processo pode ser usado. É o chamado processo de "construção lenta".

4– No caso de estradas municipais, mas com pavimento, pode-se usar o processo de construção lenta, mas usando-se um pavimento bem barato para, sem muitos ônus, recompor-se o pavimento quando acontecer o adensamento do corpo da estrada e seus recalques.

5– Para acelerar o adensamento de solo do corpo do aterro, podemos usar as chamadas estacas de areia e, em face da maior permeabilidade da areia, a água do aterro sairá com maior brevidade e os recalques acontecerão com maior brevidade, até cessarem.

6– Quando o solo de apoio do aterro for fraco, mas de preponderância arenosa, podemos cravar estacas (estacas de areia) que compactarão esse solo mais fraco que ganhará maior densidade e recalcarão menos.

7– Colocar, se for recomendável, bermas dos dois lados do aterro.

8– Cuidado com a chamada "onda de terra". Quando fazemos um aterro sobre um terreno de baixa resistência, pode acontecer de o peso do aterro expulsar o solo fraco para os lados, criando a chamada "onda de terra". Assunto já citado na nota 2 deste capítulo.

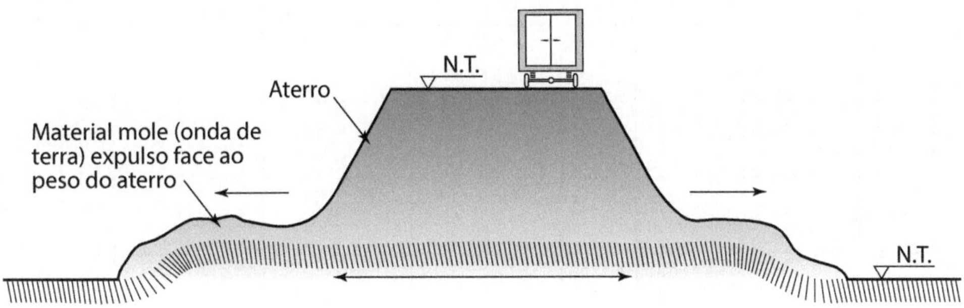

Equipamentos*
Rolo pé de carneiro Rolo liso Rolo pneumático Rolo vibratório

Tipo de solo	Equipamento recomendado
Argiloso	Pé de carneiro e rolo
Granulado	Rolo liso e vibratório
Misturado	Pé de carneiro

*Ver NBR 7182:1986.

Anote, comente, desenhe...

18 Fundações: filosofias e tipos

18.1 Fundações rasas (superficiais)

Introdução

As fundações são estruturas que recebem as cargas de construções ou via pilares, ou alvenaria, ou viga baldrame, e as distribuem nos solos, de maneira que:

- seja pequeno o risco de recalques;
- não fiquem sujeitas a eventuais rompimentos desses solos;
- sejam seguras para seus executores, pois vamos mexer com escavações em terrenos; e
- sejam econômicas, nunca nos esqueçamos do assunto "custos".

Conseguem-se esses objetivos de várias maneiras, a saber:

- distribuindo-se a carga dos prédios em peças com grande área de contato com o chão, gerando menores pressões;
- usando-se o solo profundo, seja por atrito do solo em estacas, seja pela resistência de ponta dessas estacas.

Vamos ver alguns dos tipos de fundações, iniciando com as fundações rasas.

Chamamos de fundações rasas aquelas que se apoiam em solos superficiais (não profundos) se esses solos superficiais tiverem boa resistência. A existência de um lençol freático alto pode exigir o uso de fundações profundas ou abaixamento do lençol freático. Existem vários tipos de fundações rasas e vamos apresentar as mais importantes.

Por tradição sempre se começam as obras de sapatas com, pelo menos, um metro de profundidade do nível do terreno, procurando fugir de solos vegetais que não têm capacidade de suporte.

Sapatas corridas para pequenas cargas (sapatinhas)

As sapatas corridas (chamadas também sapatinhas) recebem as cargas dos pilares da edificação, ou de paredes ou por vigas baldrames, e descarregam essas cargas no solo que se supõe resistente.

A sapata corrida é uma solução de concreto armado como mostra a ilustração a seguir.

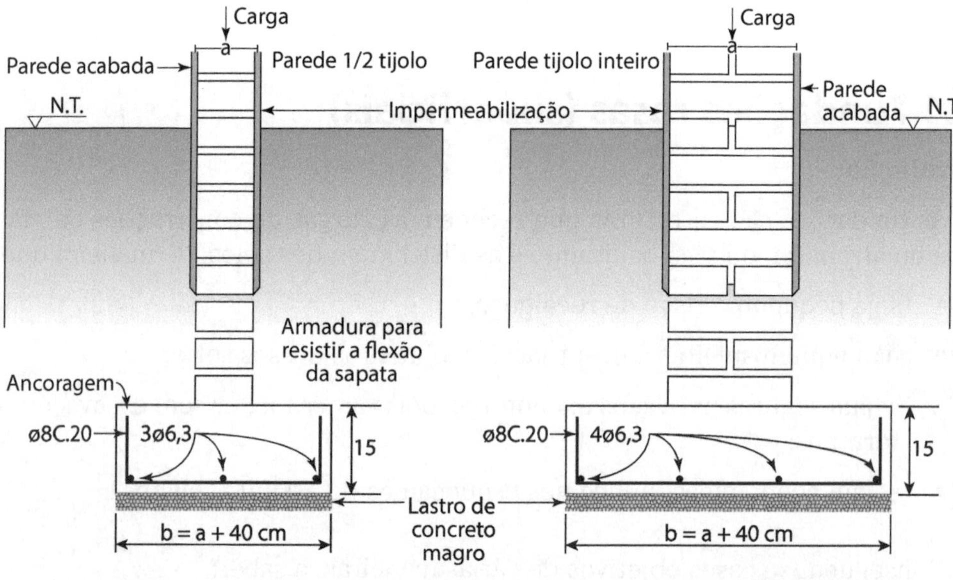

No passado, quando se usavam pedras ou outro elemento resistente nas fundações as sapatas se chamavam alicerces.

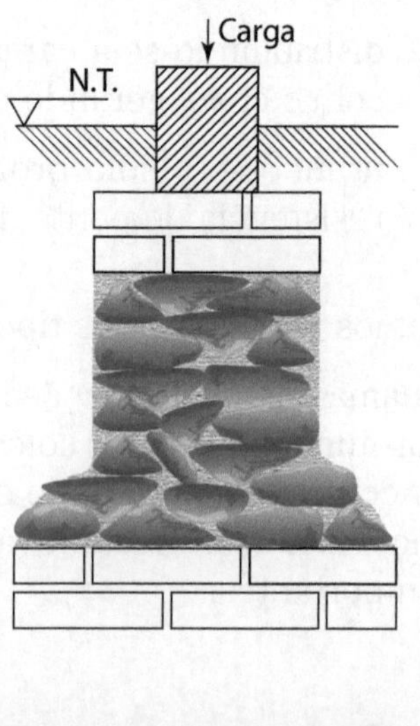

Nota – Erro de obra. Não o cometa. Antes de lançar o concreto da sapata, usar uma camada (5 a 10 cm) do chamado concreto magro (pobre de cimento) para impedir a saída de água da sapata para o solo. Nunca usar brita, pois esta permite a fuga de água do concreto da sapatinha.

Exemplo de traço de concreto magro: 1 : 3 : 5, ou seja, para uma parte volumétrica de cimento, três partes de areia e cinco partes de pedra.

Fundação usando brocas

Brocas são soluções para pequenas edificações, como residências e prédios de um, dois ou, no máximo, três pavimentos. Elas são usadas quando o solo superficial é algo fraco e precisamos apoiar as cargas da edificação de uma forma mais confiável. Então, fazemos, com trados manuais, buracos no terreno (de 3 a 5 m de profundidade) e nesses buracos jogamos concreto, ou seja, na prática, construímos pequenas estacas. Lençol freático alto pode atrapalhar, ou mesmo inviabilizar, o uso dessa solução embora existam métodos para contornar esse problema. No topo da broca colocamos uma armadura para ligar a broca a um pilar a que ela serve.

Tipos de trado manual para fazer a escavação no terreno:

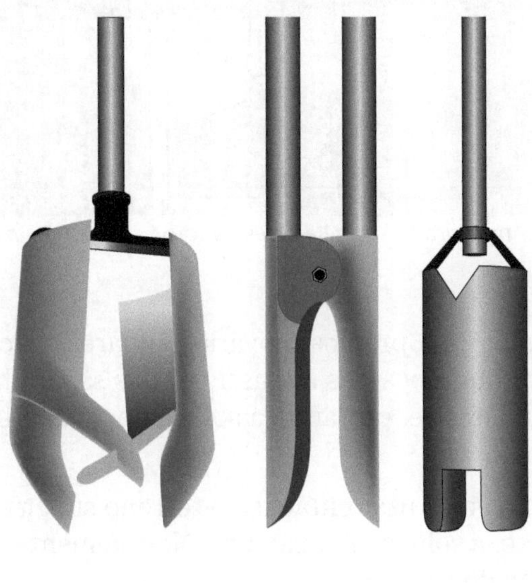

Existem também brocas mecanizadas (trados com motor).

As brocas, como outras estacas, resistem em face do atrito de sua superfície com o solo e com a resistência de ponta. Quando não existe a resistência de ponta e só contamos com a resistência do atrito, alguns chamam esse sistema de flutuante.

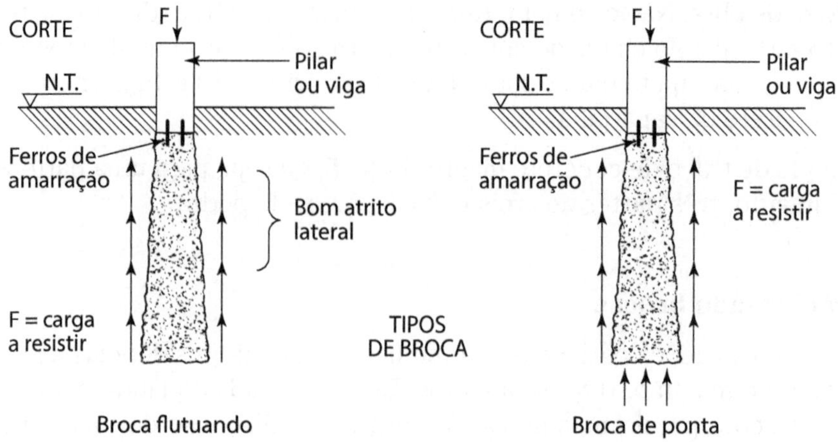

Fundação por sapatas

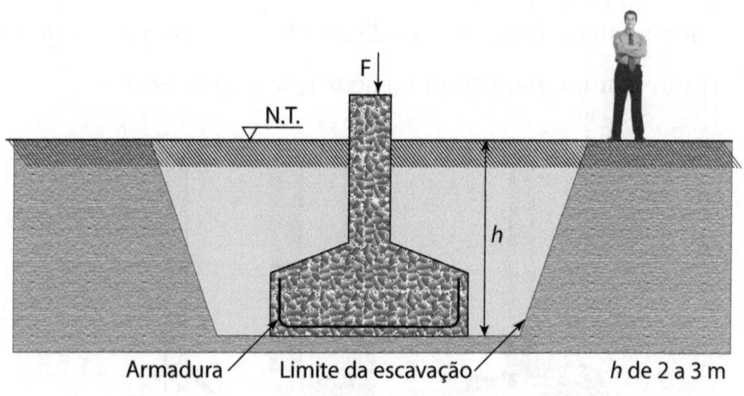

Quando trabalhamos com prédios de vários andares, as cargas a suportar nas fundações são maiores que as cargas admissíveis das sapatinhas (usadas para edificações de até dois andares) e, portanto, a solução por sapatinhas não atendem às nossas necessidades.

Nesses casos, poderemos usar então, se o terreno superficial for resistente e o lençol freático for baixo, a solução por sapatas. Normalmente, as sapatas são estruturas em concreto armado.

Temos as sapatas isoladas e as sapatas corridas. Quando o solo tem boa resistência, fazemos uma sapata por pilar. Quando o solo não é tão forte assim, as áreas das sapatas por pilar exigem maiores áreas e pode acontecer de haver vantagem em se unir e dar continuidade a todas as sapatas, na chamada sapata corrida. Há, nesse caso, uma melhor distribuição de cargas, pois a área da sapata corrida é maior que a soma das áreas de sapatas isoladas.

As pressões admissíveis (de cálculo) em função do tipo de solo são (DIN 1952):

Solo	Pressão admissível (kgf/cm^2)
Argila mole	0,4 a 2,5
Argila rija	0,8 a 6
Areia fina	1,5 a 5
Areia média e grossa	2,5 a 8
Pedregulho	3,0 a 10

Exemplo de dimensionamento

Uma sapata deve resistir a uma carga de 7 t e vai se apoiar em um solo de areia fina. Vamos dimensionar a sapata admitindo uma tensão admissível no solo de 3 kgf/cm^2.

A carga é de 7.000 kgf e, portanto, a área da sapata deverá ser de:

7.000/3 = 2.666 cm^2. Se o formato for quadrado, então, o lado do quadrado da sapata vale 516 cm ou, na prática, 550 cm.

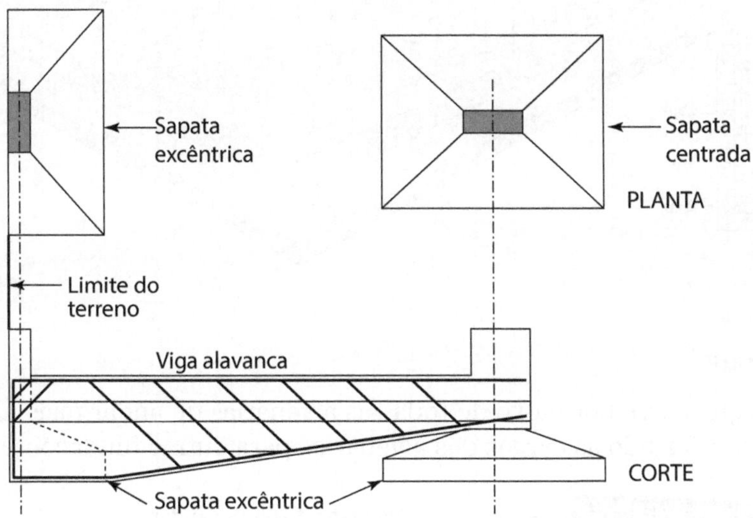

Sapata excêntrica – viga alavanca também chamada de viga de equilíbrio.

Quando usamos a solução sapata, pode acontecer que algumas sapatas fiquem junto ao limite do terreno e, portanto, como mostra o desenho "falta" um trecho dela para não invadir o terreno ao lado. Chamamos essas sapatas de excêntricas em oposição às outras sapatas que chamaremos de sapatas centradas. Nas sapatas excêntricas a carga do pilar a que a sapata serve não cai no centro de área da sapata e, com isso, poderemos ter momentos fletores e partes das sapatas ficarão com maior tensão que outras partes, o que pode dar lugar a recalques maiores que os previstos. Para evitar isso, criamos as chamadas vigas alavancas, também chamadas vigas de equilíbrio, que são vigas que ligam as sapatas excêntricas às sapatas centradas. É gerado um sistema solidário que faz com que a sapata excêntrica, apesar de continuar excêntrica, fique com tensão uniforme no solo.

Radier

Quando o solo superficial é pouco resistente, uma solução para diminuir a tensão transferida dos pilares a esse solo é usar o chamado radier, que é uma laje contínua.

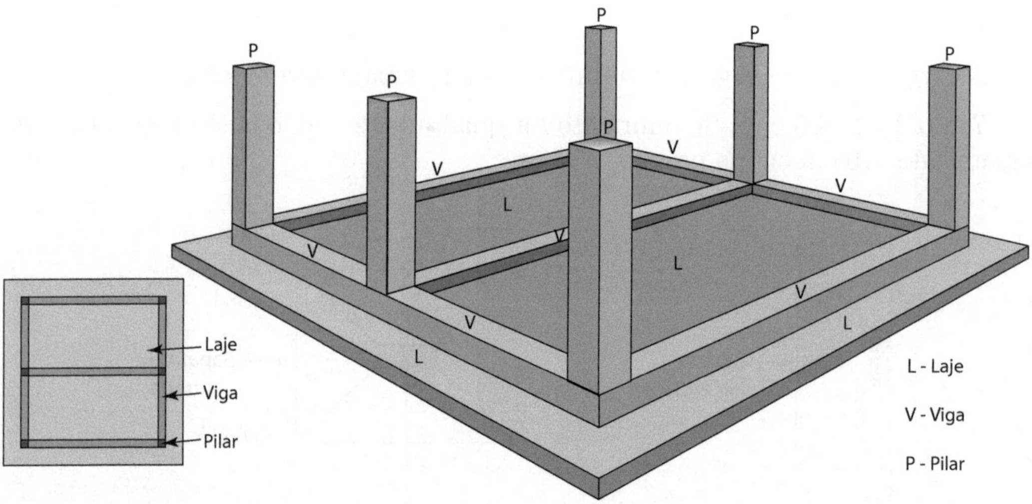

Viga baldrame

É a viga que corre por baixo de todas as alvenarias do andar mais alto de uma edificação, transferindo as cargas das alvenarias para outras fundações.

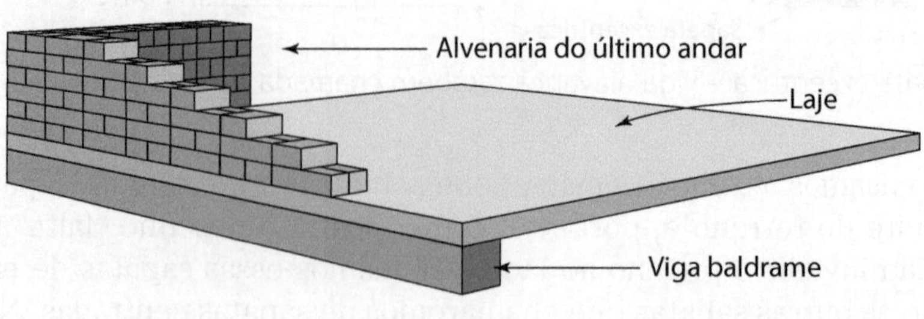

18.2 Fundações profundas

Quando o solo superficial não tem capacidade de suporte ou o lençol freático está muito alto, usaremos o solo mais profundo para apoiar nele as cargas da edificação.

Admitamos o uso de estacas como solução escolhida. Então, contaremos com dois aspectos na colaboração nas fundações profundas para alcançar nosso objetivo:

- atrito lateral ao longo de todo o corpo da estaca, atrito esse que dá resistência à estaca contra a penetração no solo;
- atrito de ponta da estaca, que também é muito importante na resistência da estaca contra a penetração no solo.

As fundações profundas tendem a ser mais caras que as fundações rasas.

É grande o número de soluções para se executar fundações profundas.

Quando a carga a ser apoiada for grande, poderemos usar duas, três ou mais estacas trabalhando solidariamente e, para isso, faremos blocos de concreto armado fazendo a distribuição da carga entre as estacas.

Fundação profunda com o uso de estaca Strauss

A estaca Strauss é uma evolução das brocas, permitindo atender às condições de fundação para prédios de vários andares e, portanto, maiores cargas transmitidas ao solo. A solução estaca Strauss é o tipo de estaca mais usada no Brasil e, como prova disso, basta abrir a *Revista Construção* na seção "Fundações" que esse tipo de fundação é o que tem maior número de ofertantes de trabalho. Assim como as brocas, a solução estaca Strauss apresenta problema quando tem de ser usada em condições de alto lençol freático chegando a inviabilizar o seu uso. O uso de estacas Strauss, assim como outras soluções, exige o conhecimento do terreno via execução prévia de sondagens de percussão – SPT.

Sequência de execução

É cravado, por um pilão, um tubo perfurante no solo.

Com o tubo já penetrado alguns metros, usa-se um elemento perfurante que corta o terreno e o retira do interior do tubo criando um espaço confinado pelo tubo. Se o solo for muito duro, jogamos água, que tenderá a amolecer o solo a ser retirado. A cravação do tubo continua, e segue-se a extração do solo. Alcançada a profundidade recomendada pelo especialista de solos, paramos a continuação de cravação e lançamos, com cuidado, o concreto, que irá gradualmente preencher o buraco, gerando uma estaca moldada *in situ* (estaca moldada no local). Um alto

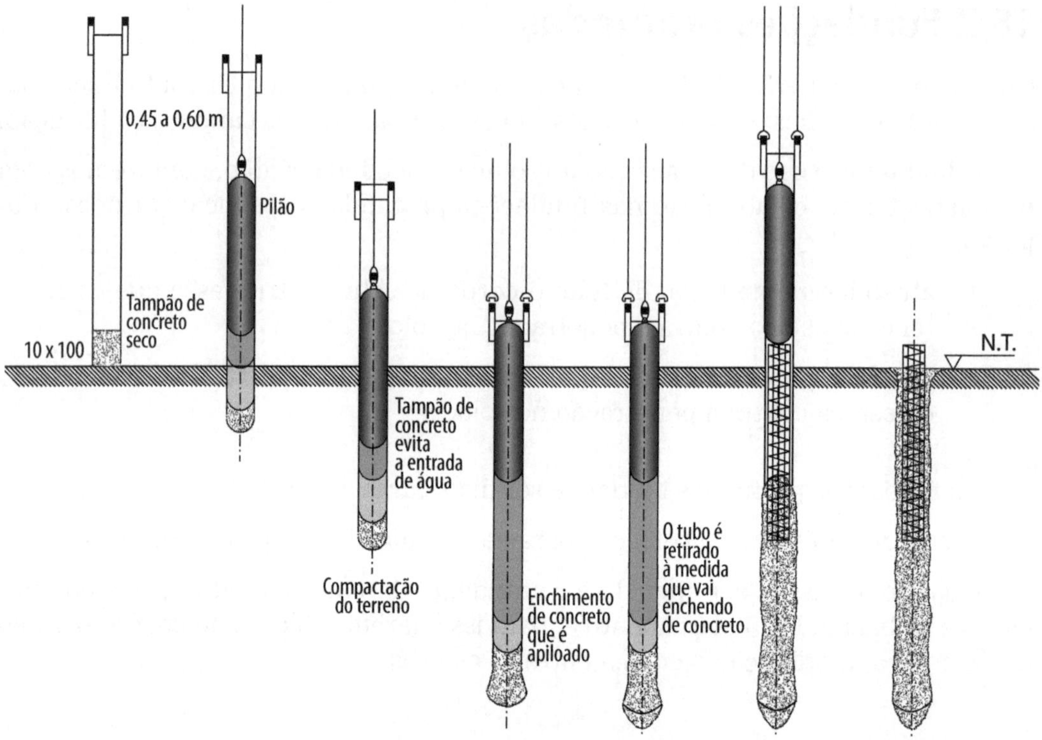

Sequência de cravação.

nível do lençol freático atrapalha, pois o buraco se encherá de água antes de jogarmos o concreto e, se misturarmos concreto e água, a resistência do concreto será brutalmente diminuída.

Como precaríssimo critério de fixação de comprimento necessário da estaca Strauss, ela deve atravessar solos cuja soma dos SPT seja maior que 80.*

A crítica ao uso da estaca Strauss se deve ao fato de acompanharmos a escavação e ficamos sabendo das condições do solo atravessado, mas não sabemos como ficou a estrutura de concreto dentro do solo, pois este é lançado de muita altura.

A estrutura de apiloamento do tubo perfurante (equipamento) no solo tem pequeno peso, facilitando sua instalação e transferência de local dentro da área da obra. O pequeno peso desse equipamento de cravação e sua simplicidade de produção e uso é a razão do uso intenso da solução estaca Strauss por todo o país.

Fundação profunda com o uso de estacas pré-moldadas de concreto armado

Nessa obra, compra-se de fornecedores estacas de concreto armado e a cra-

* Na página 110 deste livro, ver referência à fórmula "Decourt-Quaresma", usada nos casos de fundações por estacas.

vamos no solo graças a um pilão que cai sobre a estaca obrigando a estaca a penetrar no solo. As estacas têm comprimento padrão e em função das sondagens, na esmagadora porcentagem de casos, teremos de ligar estaca com estaca. Quando, depois de fazer a cravação alcançando o comprimento de penetração no solo previsto, arrasamos o trecho em excesso (saliente) da estaca. A estaca de concreto armado final sendo comprimida no solo não precisaria de armadura. Mas os esforços oriundos do transporte, do içamento e da cravação faz com que esses elementos pré-moldados de concreto sejam armados.

A sequência de cravação é:

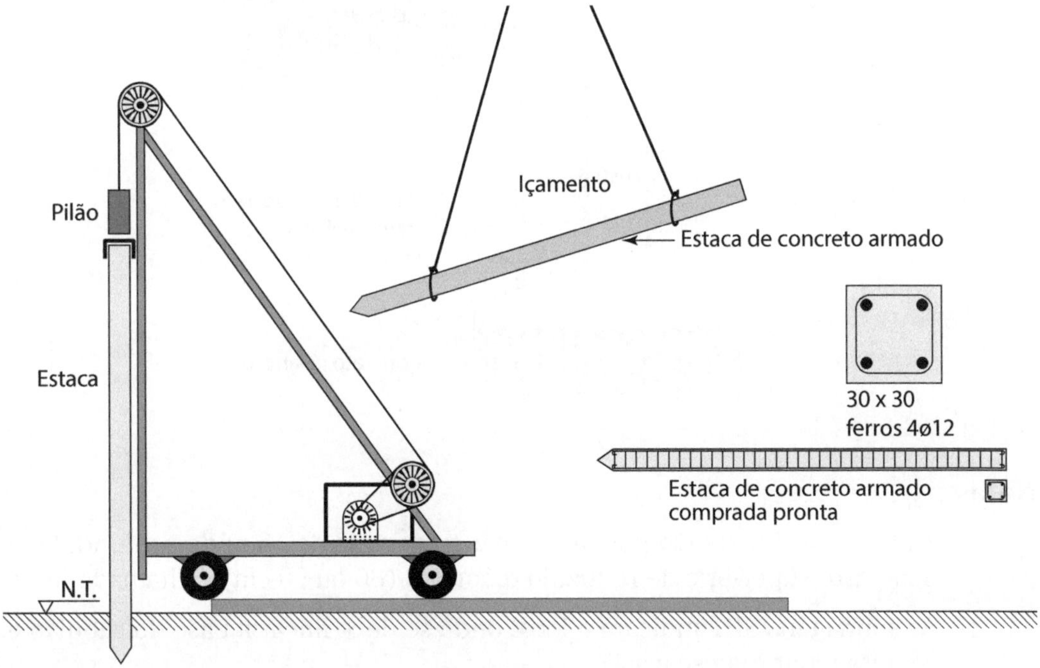

Coloca-se a estaca no local de cravação e com um pesado pilão içado por um motor elétrico deixa-se esse pilão ir socando a estaca. A estaca avança no interior do solo até alcançar a cota de projeto ou até a estaca parar de afundar, ou seja, quando ela alcança a chamada "nega", o que significa negativa em continuar a cravação. A análise dos resultados das sondagens a percussão, ou o uso das chamadas fórmulas dinâmicas de cravação ou fórmulas estáticas de interpretação de cravação darão critérios de aceitação ou não das estacas cravadas.

Uma crítica ao uso das estacas de concreto armado cravadas é o efeito de vibração que esse sistema transfere aos solos vizinhos durante a construção, tudo isso causado pelo uso do pesado pilão que vai, por fortes golpes, cravando as estacas.

Tubulão (a céu aberto ou com ar comprimido)

Quando temos altas cargas (caso de prédios) e o solo raso tem boa resistência, e o lençol freático é baixo, torna-se possível o uso de tubulão de concreto que tem um fuste e um alargamento de base, para que a tensão no solo fique reduzida. A escavação dentro do pilar pode ser manual, usando seres humanos chamados de poceiros.

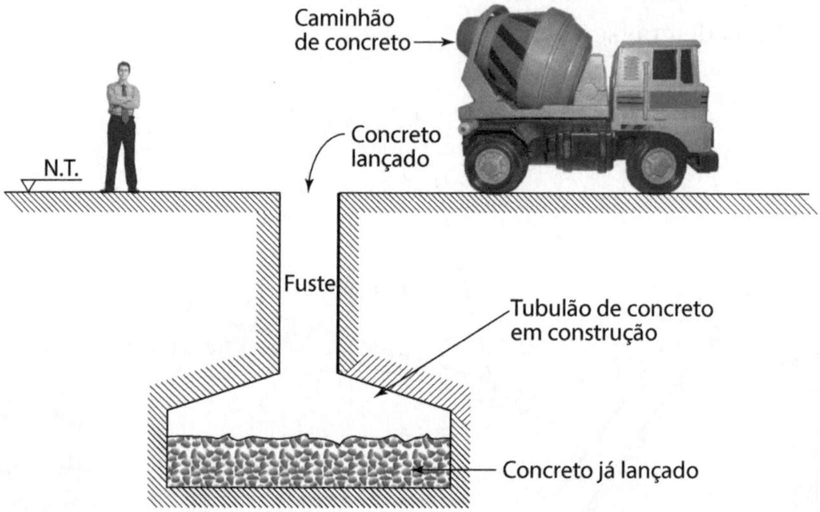

Notas

1– Tubulões a céu aberto podem chegar a ter mais de 15 m de profundidade. Sua parte superior e de reduzido diâmetro (80 ou 90 cm) é chamada fuste.

2– As sondagens SPT indicam o local onde se deve fincar a base do tubulão e, com isso, parar a escavação.

3– Só se deve usar tubulões em locais de solo argiloso, pois com solo estritamente arenoso poderá haver instabilidade.

4– Muitas vezes, usamos no fuste uma camisa de aço ou de concreto por segurança contra o desmoronamento. A camisa de aço, depois, é retirada.

5– O acesso e a saída do pessoal de escavação costuma ser feito com o uso de aparelho de içamento ou escada para baixas profundidades ou o velho sarilho.

6– A escavação pode encontrar gases, fruto da decomposição de solo orgânico (turfa). Existem gases asfixiantes e gases explosivos. Cuidados especiais devem ser tomados.

7– O pessoal de obra (poceiros) usa pequenas ferramentas para a escavação do fuste.

8– É costume colocar na cabeça do fuste uma armadura para ligar o tubulão ao pilar a que ele serve.

Tubulão com ar comprimido

Quando o lençol freático é alto e o solo, a alguns metros de profundidade, tem boa resistência para servir de fundação, podemos usar o tubulão com um sistema de injeção de ar comprimido que expulsa o lençol freático. O uso de ar comprimido dentro do tubulão, e onde existem pessoas trabalhando na escavação do solo, exige cuidados técnicos especiais para respeitar a saúde desses profissionais.

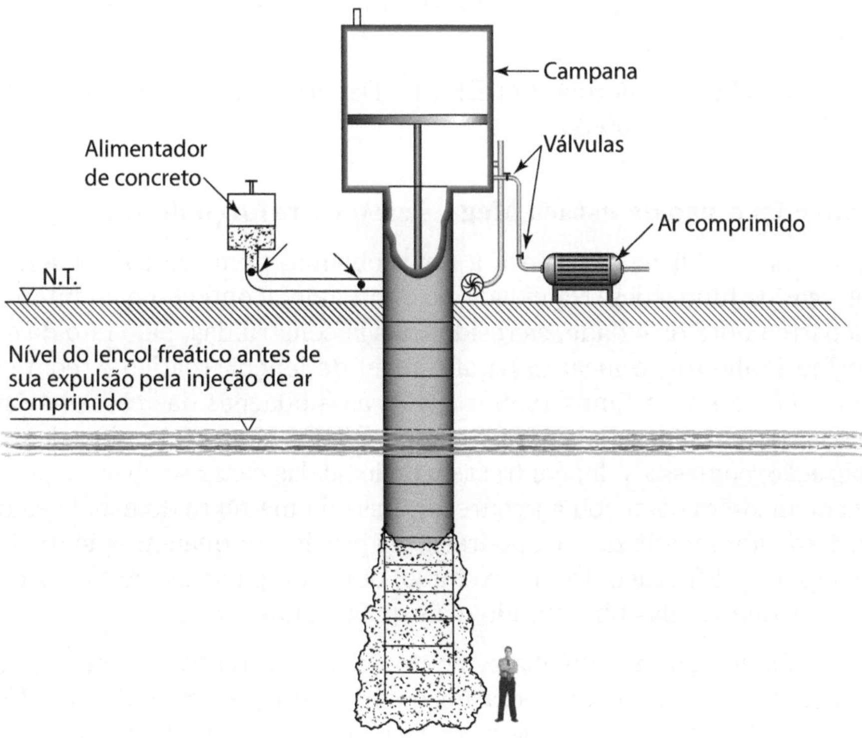

Cuidados

a. Observar com extremo rigor as exigências de segurança do trabalho.

b. O projeto executivo desses tubulões a ar comprimido deve ser feito por profissional experiente.

c. O encarregado da obra deve penetrar no tubulão uma vez por dia para ver como está e como vai evoluir a escavação.

d. O pessoal de obra (poceiros) deve ter experiência e ser treinado em regras de segurança.

e. A escavação para esses tubulões em local que já foi aterro de lixo orgânico ou industrial exige testes adicionais quanto à liberação de gases, alguns deles tóxicos.

f. É comum colocar armadura na cabeça do tubulão para fazer a ligação para o futuro pilar.

Consultar e seguir

NR 15 – Ministério do Trabalho e Emprego – Atividades e operações insalubres – Anexo 6 – Trabalho em condições hiperbáricas (pressão bem acima da pressão ambiente).

Tubulões a céu aberto – norma do DER SP (Departamento de Estradas de Rodagem) Código ET – DE – 600/020.

Fundação com o uso da estaca Mega – caso de reforço de fundações

Quando uma edificação começa a ter problemas com fundações será necessário reforçar as fundações. Na cidade de São Paulo aconteceu algo interessante. Em uma parte nobre da cidade, as residências lá construídas, pelo fato de estarem junto ao Rio Pinheiros, o local tinha alto nível de lençol freático e, com isso, levando em conta a época (anos 1930 e 1940), as fundações das casas haviam sido construídas com estacas de madeira. Só que o Rio Pinheiros foi retificado e mudou sua localização; com isso, o lençol freático do local das casas se abaixou, e parte da estacaria de madeira começou a apodrecer. Essa é uma regra do uso de estacas de madeira. Para que a madeira não apodreça, ela precisa, permanentemente, ficar em local de alto lençol freático. Como exemplo, obras de palácios em Veneza usaram estacas de madeira e elas têm durado mais de 500 anos.

Em São Paulo, em face do abaixamento do lençol freático, as estacas de madeira começaram a apodrecer, e era necessário reforçar as fundações. Usou-se, então, a chamada estaca Mega, que são peças de concreto de baixa altura que são colocadas debaixo da estrutura das edificações usando macacos hidráulicos, substituindo, assim, as estacas de madeira.

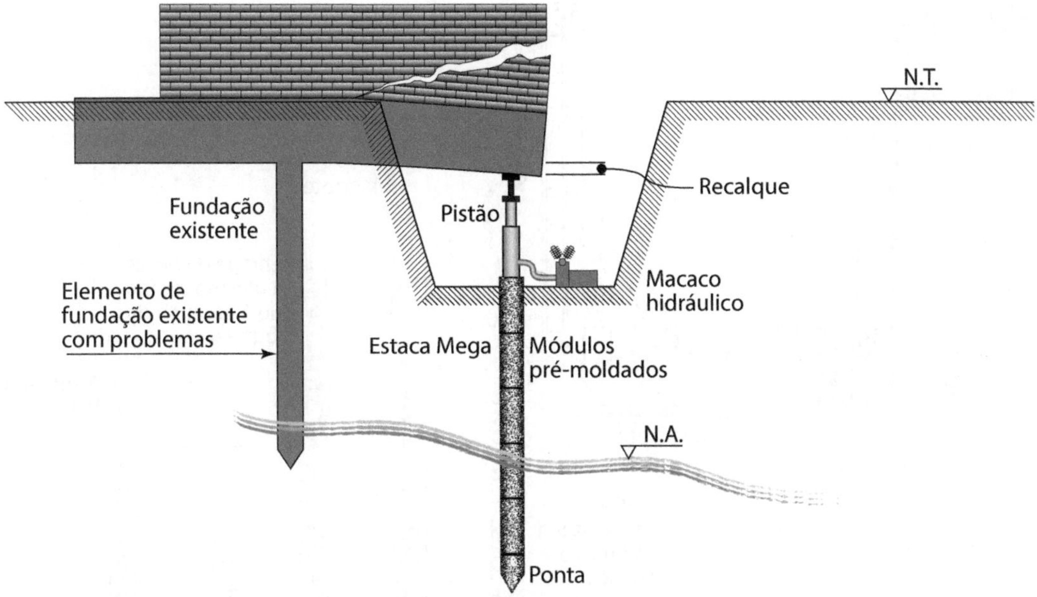

Fundação profunda usando estacas hélice (estaca escavada)

Um trado hélice motorizado vai fazendo a escavação do terreno. O concreto é lançado no orifício produzido. É, hoje em dia, um dos tipos mais usados de fundações por sua velocidade de execução, por não produzir vibração, que incomodaria os vizinhos, e por sua grande capacidade de carga. Estima-se, para um pré-dimensionamento, uma capacidade de carga de 60 kgf/cm^2.

Alguns executores dizem produzir até 15 estacas por dia, o que torna o sistema muito atraente.

Em alguns locais, faz-se fundações com estacas Hélice, com 300 mm de diâmetro, mas o mais comum são estacas com diâmetro de 500 mm a 1.000 mm.

As características das estacas, sempre dependendo das características dos solos a serem penetrados, variam, tendo valores intermediários de:

Diâmetro (mm)	Capacidade de carga (t)
300	45
1.000	500

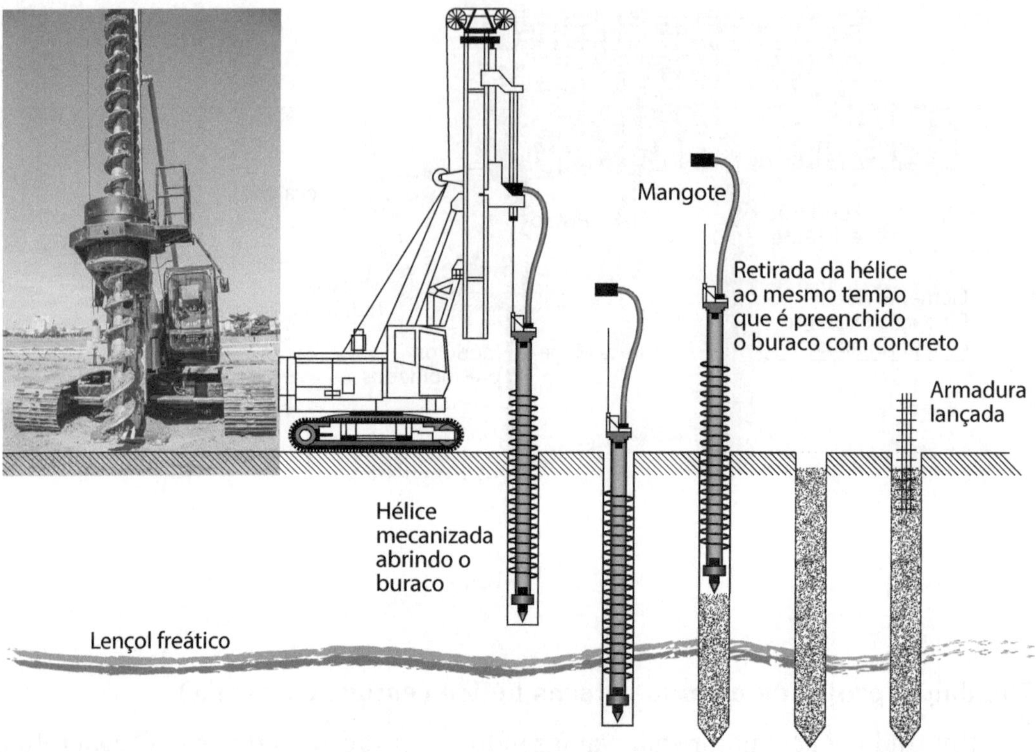

Fundação profunda usando estacas metálicas

Costuma-se usar os perfis I de 10" ou 12" e perfis H. Tende a ser a mais cara das fundações, mas, às vezes, é a única possível, como no caso de solo com matacões. Os perfis são cravados no solo pela percussão de um pilão de grande peso. Em princípio, nunca quebram (fato algo comum de acontecer com estacas pré-moldadas, de concreto armado), mas, encontrando algum grande matacão, podem inverter o sentido e voltar para a superfície do terreno.

Fundações profundas usando estacas Franki

As estacas Franki foram muito usadas no passado e são indicadas para resistir a grandes cargas, seja de prédios industriais, seja de prédios de apartamentos e escritórios de muitos andares. É uma estaca moldada *in loco*, ou seja, produzida no local. Hoje, é menos usada em face da vibração que transmite aos vizinhos.

Vamos entender o processo de produção.

No local destinado, crava-se por percussão um tubo e, dentro desse tubo, cria-se um tampão, ou seja, uma quantidade de concreto. Esse tampão é também progressivamente percutido e aprofundado. O tubo também é aprofundado. O tampão continua sendo percutido e, como parte fica dentro do solo, esse tampão continua ganhando mais concreto. Continua-se a cravação até a profundidade desejada e indicada por um estudo do solo orientado pelas sondagens a percussão. Aí se cria um bulbo de concreto por injeção.

Na extremidade superior da estaca produzida, coloca-se uma armadura de ligação com o bloco de ligação pilares e estaca.

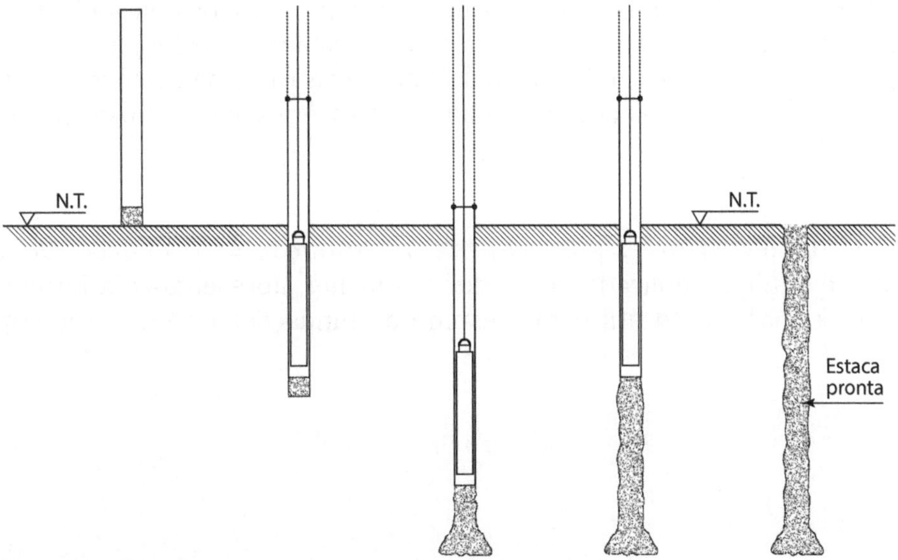

Fundações profundas usando estacas de madeira

Essas estacas foram muito usadas no passado. Muitos prédios da histórica Veneza, Itália, usaram esse tipo de fundação, e essas edificações existem até os dias atuais. Esse tipo de estaca funciona bem quando se garante sempre o alto nível do lençol freático. Em velhíssimas pontes, que resistem até hoje, essas estacas também foram usadas.

Essas estacas são também muito usadas em habitações simples e em palafitas (edificações populares em cima do corpo de rios).

A estaca de madeira é introduzida no solo por receber batidas de um pilão.

A norma DIN recomendava as seguintes cargas admissíveis para estacas de madeira que tiveram penetração no solo mínima de 5 m:

- 30 cm de diâmetro – 33 t;
- 35 cm de diâmetro – 38 t;
- 40 cm de diâmetro – 46 t.

Estaca barrete – Estaca de concreto armado, moldada *in loco*. Usada para grandes cargas. Tem seção retangular. São estacas derivadas de paredes diafragmas. A sequência de sua produção é: abertura de mureta guia, desarenamento ou troca de solo, colocação da armadura e concretagem.

Estaca de brita - Não é uma estaca para resistir a cargas de compressão. É uma escavação em que se coloca brita (alta permeabilidade) ajudando a drenar uma área – um aterro – ou para diminuir pressões.

Estaca protendida – Estaca pré-moldada e que sofre protensão (compressão prévia) na fábrica. A protensão é para proteger a estaca dos esforços de içamento e transporte. Para o usuário, é igual a uma estaca centrifugada de concreto armado. Para pequenas cargas, a estaca protendida, muitas vezes, ganha em custo da estaca centrifugada.

Nota – No livro *4 edifícios × 5 locais de implantação = 20 soluções de fundações*, deste autor e publicado pela Editora Blucher, apresenta-se a fórmula "Decourt-Quaresma", muito útil para o estudo de fundações usando vários tipos de estacas.

19 Estimando a carga admissível de fundações rasas (sapatas) e alguns tipos de fundação por estacas: fórmulas estáticas e fórmulas dinâmicas de previsão da capacidade de carga das fundações

Chamamos de carga admissível de um elemento estrutural a carga que esse elemento pode resistir sem problemas, ou seja, nesse valor já está incluso o coeficiente de segurança.

Cargas que, se forem usadas, rompem os corpos de prova (ou mesmo o corpo principal) são cargas sem coeficiente de segurança, e são chamadas cargas de ruptura, sempre maiores que as cargas admissíveis.

No campo da engenharia de solos usamos os maiores coeficientes de segurança como vemos a seguir:

- coeficiente de segurança do aço do concreto armado: 1,15;
- coeficiente de segurança do concreto nas estruturas de concreto armado: 1,4;
- coeficiente de segurança em fundações: de 5 a 10.

A razão da adoção do enorme coeficiente de segurança em fundações é a dificuldade de conhecer como o solo funciona, mesmo fazendo sondagens (trado, percussão e outras sondagens). No Capítulo 27 deste livro contamos a história da correção de fundações de um prédio, usando o congelamento do solo em face de recalques diferenciais que começaram a ocorrer.

Existem duas maneiras de avaliar um estaqueamento pelo uso de fórmulas. Um tipo de avaliação é pelo uso das chamadas "fórmulas estáticas"* que preveem o funcionamento das fundações de uma obra com base nos resultados de sondagens a percussão com os famosos SPT. Existem também as chamadas fórmulas

* Ver nosso livro *4 edifícios × 5 locais de implantação = 20 soluções de fundações.*

dinâmicas que calculam a carga admissível de uma estaca depois de cravada, usando os dados da cravação.

As fórmulas de capacidade de carga de estacas levam em colaboração duas contribuições:

- resistência de ponta da estaca;
- resistência de superfície (atrito).

Nota – Quando um estaqueamento é feito em um aterro, em processo de consolidação (ainda se assentando) o solo carrega a estaca e, portanto, em vez de resistir à cravação gera uma carga adicional (chamado de atrito negativo).

Fórmulas dinâmicas

Nas fórmulas dinâmicas, já com os resultados da cravação de uma estaca e a famosa nega, calculamos a capacidade admissível da estaca. Admite-se que a resistência de ponta e a resistência de superfície influenciaram a posição da nega. A nega é a negativa da estaca, que está sendo percutida, a penetrar no solo.

Exemplo de nega: com 10 golpes do pilão a estaca só penetra 15 mm. Por vezes, se repetem as dez pancadas mais duas vezes, ou seja, o total de três negas.

Uma das várias fórmulas dinâmicas é a Fórmula de Brix:

$$R = \frac{l}{m} \cdot \frac{P^2 \cdot Q \cdot h}{(P+Q)^2 \cdot l}$$

onde:

R = capacidade de carga admissível de uma estaca;
Q = peso da estaca de concreto armado;
h = altura de queda do pilão (cm);
l = nega fixada em x mm por 10 golpes do pilão;
P = peso do pilão;
m = coeficiente de segurança.

Seja o caso de uma estaca que deu nega a sete metros de profundidade da estaca de concreto armado, de seção quadrada de 20 × 20 cm, pilão de 900 kg (0,9 t), altura de queda 0,9 m e nega de 15 mm/10 golpes.

Calcularemos pela Fórmula de Brix a capacidade R dessa estaca.

$$Q = 0{,}2 \times 0{,}2 \times 7 \text{ m} \times 2{,}4 \text{ t/m}^3 = 0{,}672 \text{ t } P = 0{,}9 \text{ t}$$

$$h = 0{,}9 \text{ m}$$

$$l = 15 \text{ mm (10 golpes)}$$

$$Q = V \cdot \gamma_c = (0{,}2 \times 0{,}2 \times 7) \times 2.400 = 672 \text{ kgf}$$

$$m = 10$$

$$R = \frac{1}{10} \times \frac{(0{,}9)^2 \times 0{,}672 \times 100}{(0{,}9 + 0{,}672)^2 \times 0{,}15} = 14 \text{ t}$$

$$\text{Nega} = 15 \text{ mm/10} = 1{,}5 \text{ cm/10} = 0{,}15.$$

Capacidade de carga dessa estaca:

$$R = 14 \text{ t} = 14.000 \text{ kgf}.$$

Repetimos:

Resta uma pergunta. A Fórmula dinâmica de Brix não usa os dados da sondagem a percussão com os famosos SPT, ou seja, os dados do solo a cravar a estaca, características do solo que, sem dúvida, influenciam além da capacidade da estaca, quanto esta vai penetrar no solo. Como entender isso? A resposta é que um engenheiro de solos compara a previsão do funcionamento de uma estaca pré-moldada, de concreto armado, pelos dois caminhos, e deve acompanhar a cravação da estaca ou, no mínimo, analisar com cuidado os boletins de cravação.

Nota – Para estacas escavadas, como a estaca Strauss, não existe nega, pois nada é percutido e a estaca nasce dentro do orifício. Aí a verificação e o acompanhamento da execução da estaca é importantíssimo.

Anote, comente, desenhe...

20 Recalques (afundamento do solo e da fundação): o temido recalque diferencial

Qualquer material sofrendo tração (estiramento) ou compressão sofre deformações. No caso de tração, o comprimento da peça aumenta e, no caso de compressão, o comprimento diminui. O valor da alteração de comprimento é função de:

- valor da força atuante e quanto maior ela for, maior a deformação "e";
- tipo de material. Peças de elástico sendo estiradas (puxadas) com determinadas forças se deformam bastante. Peças de aço para as mesmas forças se deformam muito pouco, chegando a ser imperceptíveis visualmente.

E o solo, ao ser comprimido por uma edificação que nele se apoia? Com exceção dos terrenos rochosos usados em fundações que não recalcam quase nada, todos os solos comprimidos por cargas verticais, oriundas de obras que sustentam, sofrem alguma deformação, ou seja, afundam um pouco. Duas coisas precisam ser verificadas em obras de edificações:

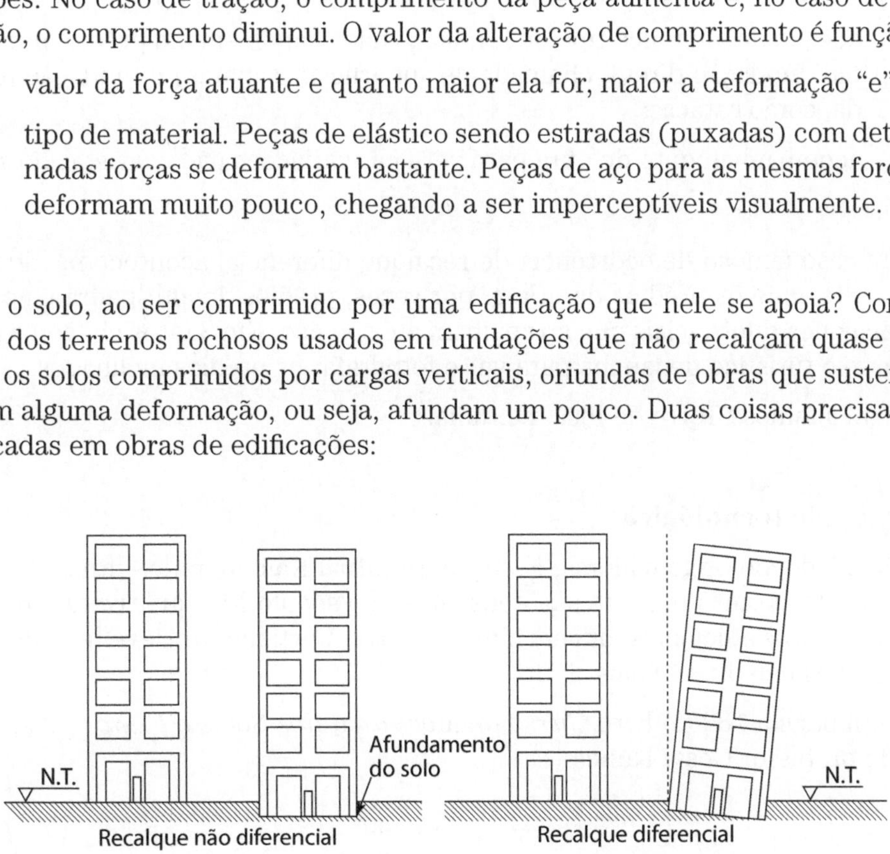

- o valor dessa deformação do solo (afundamento) deve ser pequeno; e
- o afundamento deveria ser igual em todos os locais de apoio.

Se essas coisas acontecem, são normais em obras e as aceitamos. O terrível, o apavorante é quando:

- os aprofundamentos são grandes; e
- alguns pontos afundam mais que outros gerando o pavor das fundações, o chamado "recalque diferencial".

O recalque diferencial é o mais temido dos recalques, pois além de afundar, transmite esforços não previstos na estrutura, que pode até chegar ao rompimento de partes, às vezes, inviabilizando seu uso.

Como se luta para combater os recalques diferenciais? Providências:

- estudo bem feito da geologia do local e um bom projeto;
- adoção de um único tipo de fundação não usando em um prédio, por exemplo, fundação direta, chamada de superficial (sapatas) e fundação profunda, como estacas;
- acompanhamento de obra para verificar variações não previstas no solo.

Um caso famoso de ocorrência de recalque diferencial acontece na cidade de Santos, SP, onde os prédios da orla e, por vezes, prédios de alto padrão, apresentam recalques diferenciais que atrapalham até seu uso. Em Santos chegou a existir um passeio turístico de lancha para ver e fotografar os prédios inclinados.

Idem a famosa Torre de Pisa, na Itália.

Curiosidade tecnológica

Na cidade, de origem alemã, Konigsberg (atual Kaliningrado – Rússia) sua catedral recalcou tanto durante sua construção no século XIV que tiveram de construir cinco pisos adicionais, um em cima do outro. Certamente, deve ter sido o caso de recalques não diferenciais.

Ver a página 183 do livro *Curso de Mecânica dos Solos e Fundações*, de autoria do professor Costa Nunes.

21 As fundações de um novo prédio prejudicando as fundações de um prédio já existente: o bulbo das pressões

Quando usamos o solo com um objetivo, temos de saber que mudamos as suas características iniciais, e para outros usos isso deverá ser levado em consideração. Exemplo disso é o chamado "bulbo de pressões". Vamos entender esse conceito.

Quando fazemos a fundação de um prédio, aumentamos a carga sobre o solo com suas deformações, e essas deformações vão diminuindo (dissipando-se) conforme for aumentando a profundidade. Ou seja, quanto mais profundo for o solo, menos ele se influencia por cargas superficiais. O estudo dessa influência do peso de uma obra nas suas imediações e ao longo da profundidade é o estudo do "bulbo de pressões". Se, depois disso, construirmos um prédio ao lado, esse prédio terá de usar um solo já modificado. Mas o novo prédio também terá seu bulbo de pressões, e a mútua influência (interação) entre os dois bulbos pode aumentar o recalque no primeiro prédio. Se isso acontecer, poderão surgir, no primeiro prédio, deformações e até fissuras. Para resolver esse problema, teremos de fazer reforço de fundações.

No ponto k do terreno acontecem as duas tensões e, portanto, a tensão resultante é a soma das duas tensões.

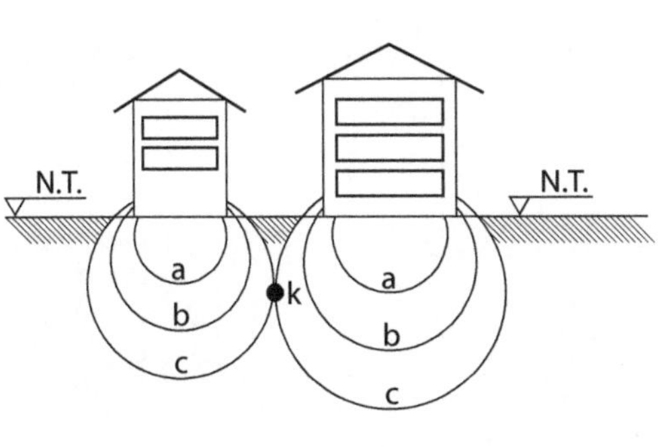

As curvas a, b e c indicam a dissipação das tensões no solo, causadas pelas cargas dos prédios, sendo que a indica 80% da tensão dos prédios, b indica 60% de tensão e c, cerca de 20%. Vê-se que, conforme vai se aprofundando, a influência das cargas do prédio vai se dissipando.

Claro está que prédios com fundação direta (sapatas, por exemplo) sofrerão mais com o bulbo de pressões que prédios com fundações profundas.

As curvas a, b, e c indicam a dissipação de tensões (pressões) causadas pelas cargas dos prédios, sendo que a curva a ainda mantém 80% da tensão junto à fundações, a curva b a tensão está a 60% da tensão no solo, junto das fundações, e a curva c mantém a tensão a 20% da tensão superior.

Cuidado, cuidado: o ponto k pode ser crítico, pois ele recebe, aditivamente, as tensões dos dois prédios.

22 A água, a maior inimiga da estabilidade das obras de terra

A água é a grande inimiga* das obras de solos, também chamadas obras de terra. São duas as principais razões pelas quais a água, dentro de um maciço terroso, cria problemas:

- a água retida em um maciço terroso aumenta seu peso específico;
- a água retida em um maciço terroso diminui a resistência desse solo aos esforços de cisalhamento (corte).

Entendidos os problemas da água nos maciços terrosos de todos os tipos, vejamos como combater os efeitos da água e o melhor caminho é fazer com que a água:

- ou não penetre no solo;
- ou, se a água penetrou no solo, como a retiramos.

Análise de cada caso:

1. Em rodovias pavimentadas

Procura-se por um sistema de drenagem superficial e adequado caimento da pista e de laterais para evitar o contato da água que cai e corre com o terreno suporte do pavimento da estrada. Mas, mesmo assim, o terreno tem sua umidade aumentada por vários indesejáveis caminhos, em face de infiltrações não desejadas de águas de chuva. Trincas em pavimentos são exemplo disso. Fazemos,

* O uso de umidade para a construção dos castelos de areia é uma exceção. Outra exceção é o fato de umedecermos solos argilosos para facilitar seu uso compactado em aterros. E, finalmente, usamos água para umedecer argila para lhe dar plasticidade para moldar peças.

então, uma obra de drenagem subterrânea ou usando tubos perfurados, ou camada de britas, que são exemplos disso, e, então, expulsamos as águas infiltradas e coletadas.

2. Em muros de arrimo

Em todo muro de arrimo devemos evitar reter água na superfície do solo (drenagem superficial) e, como a água de chuva infiltrará assim mesmo, devemos fazer uma drenagem profunda, abaixando assim o nível da água do maciço terroso.

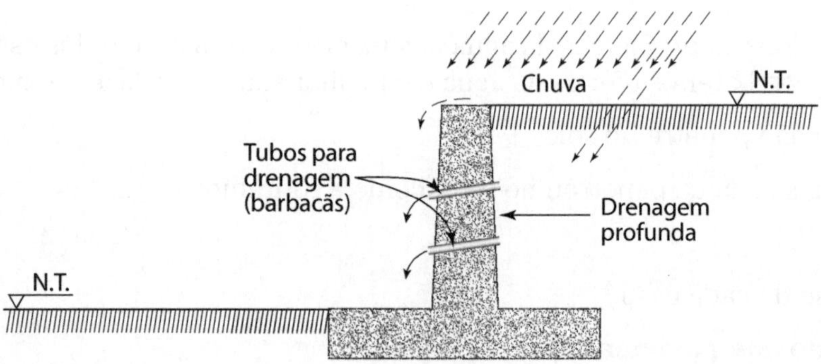

3. Em cortes

Em cortes do terreno, em seus taludes, acontecem também os problemas da ação da água. Assim, cortes em taludes podem ter, junto a estradas, um sistema de drenagem com tubos perfurados ou um sistema mais apurado.

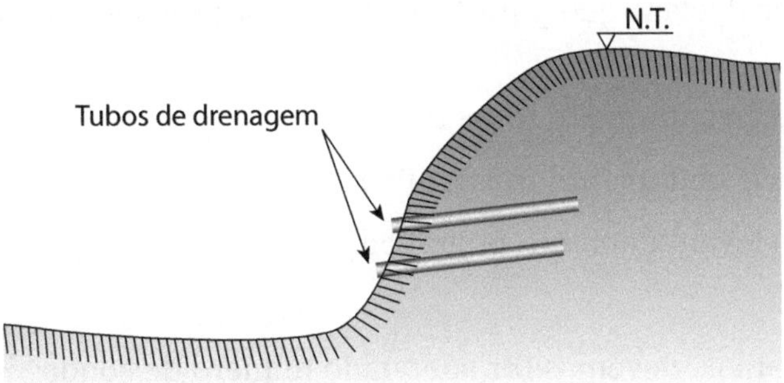

4. Em aterros

Vale o já descrito sobre os males da umidade nos solos. Em aterros, pode-se usar o sistema de drenagem mostrado ao longo deste livro.

Nota – Não estamos nos referindo aos danos de erosão pela água, em estradas de terra e em áreas de terreno não protegidas, e aí também temos de combater as consequências, tomando cuidados de projeto, de execução e da importantíssima manutenção.

Para isso, procura-se fazer em estradas de terra (ainda não pavimentadas):

- secção que expulsa ao máximo a água, por exemplo, usando maiores declividades transversais do terreno;
- canaletas laterais que conduzem a água expulsa, mas tomando cuidado para que a velocidade da água em condução não provoque erosão nessas canaletas. É comum plantar vegetais nas canaletas laterais para funcionar como dissipadores de velocidade das águas.

Nota – Na Engenharia Rodoviária, existe um justo e correto pensamento:

Para construir uma boa estrada, inicialmente, devemos fazer três coisas:

- uma boa drenagem;
- uma boa drenagem;
- uma boa drenagem.

E este autor declara que para fazer uma boa drenagem é necessário ter três coisas:

- um bom levantamento topográfico;
- um bom levantamento topográfico;
- um bom levantamento topográfico.

E, convenhamos, devemos ter adequado número de sondagens geotécnicas.

23 Entendendo uma barragem de terra: o caso da barragem de Orós, CE

Os seres humanos e os animais (castores no hemisfério norte) sempre desejaram estocar água de rios no período de chuvas – quando a vazão do rio é bem maior – e usar essa água represada no período da seca. Para isso, são necessárias obras de barramentos nos rios formando reservatórios. Os primeiros barramentos na história foram feitos com pedra argamassada ou com restos de vegetais, no caso dos castores, mas, com o tempo, descobriu-se que era possível construir essas barragens com ou solo argiloso (caso mais comum), ou até solo siltoso (Barragem de Paraibuna, SP), e essa alternativa era, muitas vezes, mais barata. As barragens de concreto e as barragens de terra são as mais comuns das soluções para formar reservatório.

Exemplo: o Rio São Francisco foi barrado em Paulo Afonso com uma barragem de concreto. O mesmo Rio São Francisco foi barrado, bem a montante (trecho acima), com uma enorme barragem de terra no local chamado Três Marias, MG.

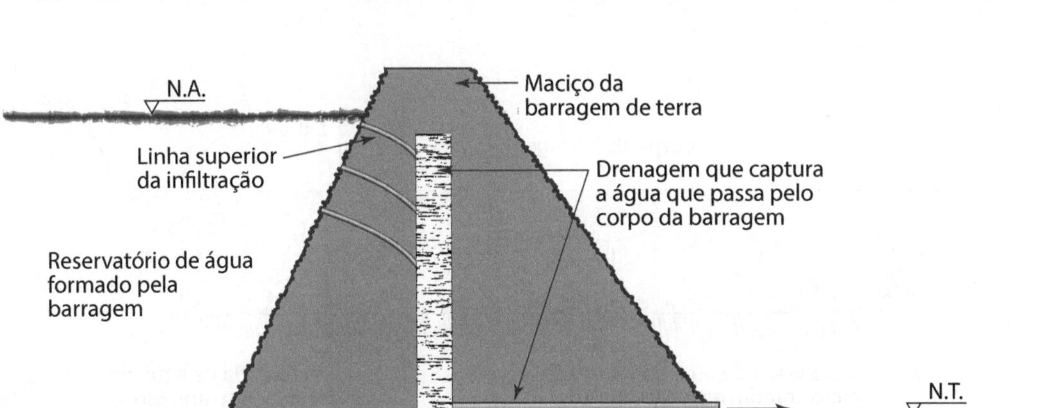

Corte de uma barragem de terra.

Vamos analisar, sumariamente, uma barragem de terra.

O coração da construção de uma barragem de terra, que é o maciço central (de solo), está ligado à:

a. escolha do solo a usar no coração do maciço;

b. compactação (apiloamento) dessa massa de solo, levando em conta a umidade do solo e sua resistência à compressão.

Na colocação do solo para construir o maciço, obrigatoriamente, isso tem de ser feito por camadas, e cada camada tem de ser apiloada (socada) e ter controlada sua umidade. Se a umidade do solo for reduzida, em comparação à umidade desejada, faz-se a passagem do caminhão irrigador aspergindo.

O local onde se vai buscar o solo adequado ao maciço de solo, e que pode ser distante do local da barragem, chama-se "área de empréstimo".

Atenção: Danos em barragens, sejam de concreto, sejam de terra, na maioria das vezes, ocorrem por deficiência do sistema de extravasamento (insuficiência de capacidade do extravasor). Os extravasores precisam ser sempre uma estrutura de concreto armado, pois a água corrente faria erosão se passasse por cima do maciço terroso.

Nos reservatórios, existe também a tomada de água que é o local para onde a água estocada é dirigida e de onde, depois, sai cumprindo a função desejada que pode ser:

- uso em irrigação;
- uso em cidades, para seu abastecimento de água;
- geração de energia;
- contenção de inundação a jusante (regularização da vazão).

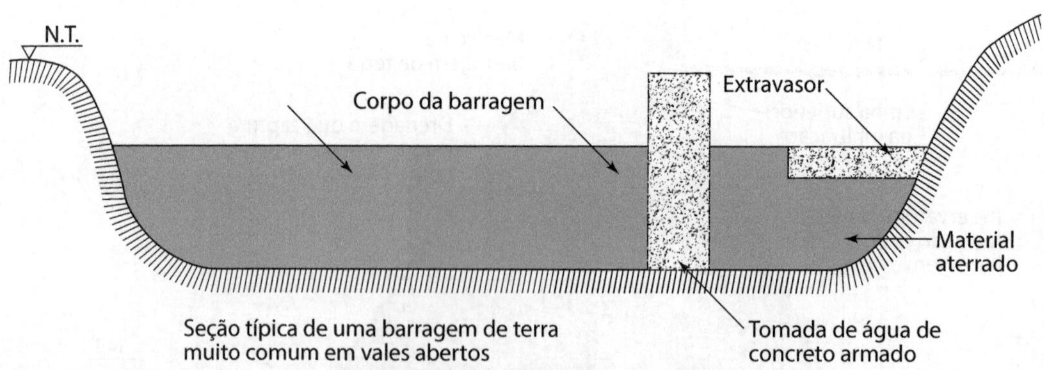

Vista frontal de uma barragem de terra.

Seção típica de uma barragem de concreto armado, muito comum em vales estreitos.

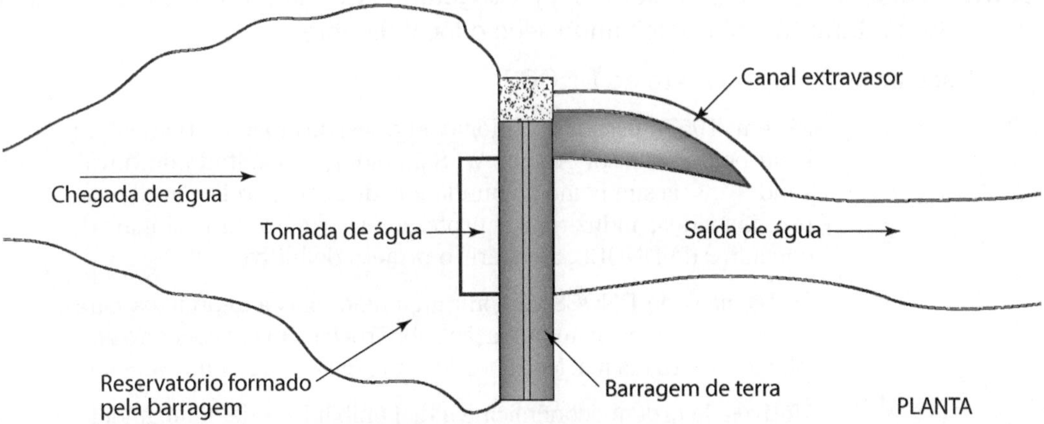

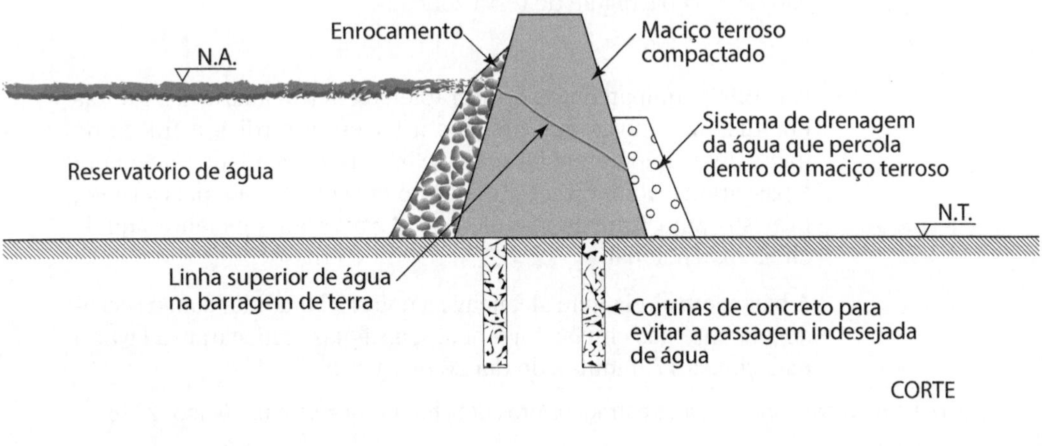

O caso da barragem de Orós

Extrato do relatório do Departamento Nacional de Obras Contra as Secas (DNOCS)*:

"A Barragem do açude de Orós está localizada no município de Orós, estado do Ceará, aproximadamente a 450 km de Fortaleza." É uma barragem com núcleo de terra.

"Tem como finalidades: perenização do rio Jaguaribe [manutenção de uma vazão mínima no rio na seca]; irrigação do Médio e Baixo Jaguaribe; piscicultura; culturas agrícolas de áreas de montante; turismo e aproveitamento hidrelétrico."

Durante a construção dessa obra, choveu intensamente, e a vazão do rio resultou maior que a capacidade do túnel de desvio (túnel que existe durante a construção da barragem); com isso, a água subiu, passando por cima do maciço de terra da barragem ainda em construção, com danos enormes só reparados anos depois.

Nota – Túnel de desvio provisório é a passagem provisória por onde passa toda a vazão do rio durante a obra, deixando seco o local da obra.

A seguir, extratos do texto do DNOCS:

> Já em 1957, estudos litológicos e estruturais efetuados no local pelo professor Arthur W. Schneider, o resultado de novas sondagens, assim como a abundância de rocha, areia e argila nas proximidades, induziram o professor Casemiro José Munarski, consultor do DNOCS, a sugerir o projeto definitivo.
>
> Os técnicos do DNOCS elaboraram, então, dois anteprojetos para barragem em arco, com fundação sobre rocha: um em concreto gravidade e outro em maciço zoneado com argila, areia e enrocamento.
>
> Motivos de ordem econômica e a disponibilidade de equipamento procedente da barragem de Araras, recém-concluída, induziram à elaboração da segunda alternativa de projeto, ou seja, a construção de uma barragem de terra zoneada.
>
> [...]
>
> Em 1960, equipamentos de terraplenagem trabalhavam 24 horas por dia. As chuvas que chegaram bastante tardias e fracas no início desse ano, intensificaram-se em março de maneira violenta e passaram a comprometer o maciço em construção, pois o túnel, previsto para tomada d'água, não dava vazão suficiente àquela cheia excepcional.
>
> A barragem ainda nem alcançava a cota 190 quando, com o recrudescimento das chuvas torrenciais, as águas começaram a lavar o maciço aos 17 minutos do dia 26 de março.

* Disponível em: <www.dnocs.gov.br/barragens/oros/oros.html>. Acesso em: 16 ago. 2016.

Diversas soluções foram intentadas durante a iminência do transbordamento. Com o início da extravasão das águas, julgou-se mais recomendável controlar o acidente. Para tanto, iniciou-se a abertura de uma vala no maciço, por onde a água passou a fluir em catarata, erodindo seu próprio vertedouro até a fundação da barragem e levando seu coroamento.

O desgaste do topo da barragem recoberto pelas águas foi pequeno, como limitada foi a erosão na fenda central, onde a correnteza formou um canal bem definido, de paredes quase verticais. Tinham sido destruídos 877.500 m^3 do maciço que, na ocasião, já alcançara 2.000.000 m^3.

O bom desempenho na execução da obra fez com que, tão logo o tempo permitisse o início de sua reconstrução, fosse aproveitado, total e seguramente, o que restou da barragem, cujo coroamento foi atingido em novembro do mesmo ano, sendo inaugurada em 11 de janeiro de 1961 pelo então Presidente da República, Juscelino Kubitschek de Oliveira. E, desde então, com quase 30 anos de existência, nenhum outro acidente tem-se a lastimar.

Arranjo geral

A barragem consiste de um maciço zoneado, com núcleo impermeável argiloso, seguindo-se para montante e para jusante seções de areia recobertas por espaldares de enrocamento.

Em todo o seu desenvolvimento a barragem consiste de um aterro cuja crista está na cota 209, com a largura no coroamento de 10 m. O talude de montante é de 1V:2, 5H até a cota 180 e prossegue com 1 V:3H até a base. O talude de jusante é de 1 V:2H até a cota 180, sendo 1V:2,5H até o terreno natural. A barragem foi idealizada de forma a empregar materiais disponíveis, utilizando-se, porém, diferentes métodos de colocação no maciço.

O material da zona 1 é impermeável e se trata de uma mistura de argila, silte e areia e algum pedregulho, espalhado e compactado em camadas* de 15 cm por meio de rolos pé de carneiro. O material da zona 1 se estende entre o embasamento rochoso estabelecido para fins de projeto, da cota 155 à cota 208. Ocupa no topo praticamente toda a largura da pista e se estende com talude 1 V:1 H tanto para montante como para jusante. Assim, a espessura do material impermeável na base será mais de duas vezes a carga hidrostática, o que satisfaz ao critério geralmente estabelecido para a dimensão da seção impermeável neste tipo de barragem.

* Alerta mais uma vez de M. H. C. Botelho: notar que a compactação de aterros se faz com camadas (15 cm) e controlando a umidade dessas camadas.

O material da zona 2 é uma mistura de areia com alguns pedregulhos, obtido de escavação no leito do rio e de outras jazidas dos seu afluentes. Foi adensado em camadas de 30 cm pela passagem de rolos vibratórios.

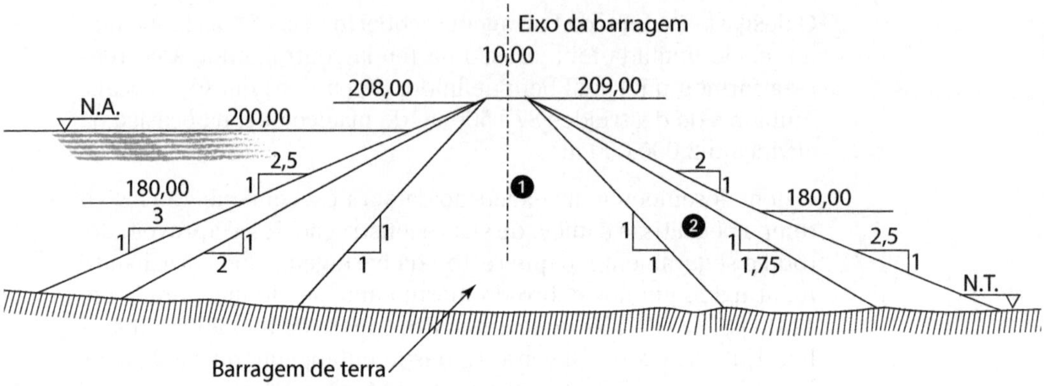

Seção transversal da Barragem de Orós, CE.

24 Ângulos de corte de talude de terrenos. Aula de ênfase. Ângulo de atrito interno

Em inúmeras situações interessa saber o adequado ângulo de corte de um terreno, pois isso é decisivo no custo de uma obra de solos. Uma pergunta típica ao abrir local em uma estrada é: Qual o maior ângulo α que, depois de cortado um maciço de solo, continua estável sem desbarrancar?

É claro que a resposta sofre com a variabilidade das amostras do solo desse terreno e, portanto, essa resposta não tem o mesmo grau de confiabilidade se comparado com um teste de resistência de uma chapa de aço.

Seja o desenho:

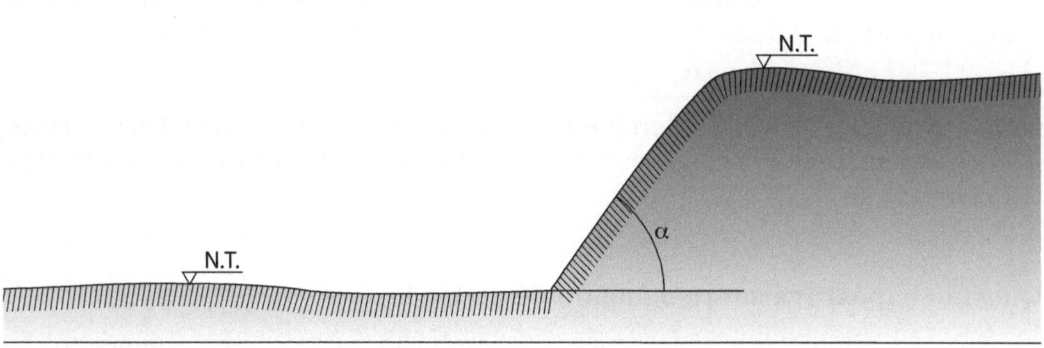

Desejamos, portanto, saber o ângulo α com o qual podemos fazer o corte do maciço.

Para saber esse ângulo, devemos fazer o chamado ensaio de cisalhamento direto (ou o ensaio triaxial, que é mais preciso) que consiste em uma amostra de solo que é colocada em uma caixa sob pressão, suportando uma tensão de compressão β e com duas placas porosas, uma em cima e outra abaixo da amostra, e essa caixa permite o deslizamento horizontal de duas partes. Sendo um teste destrutivo pegamos várias amostras, tentativamente, homogêneas e representativas do solo em questão, e medimos, para uma dada tensão de compressão, a tensão de cisalhamento com a qual a amostra cisalha (sofre corte)

Obtemos, com os resultados experimentais, o gráfico a seguir:

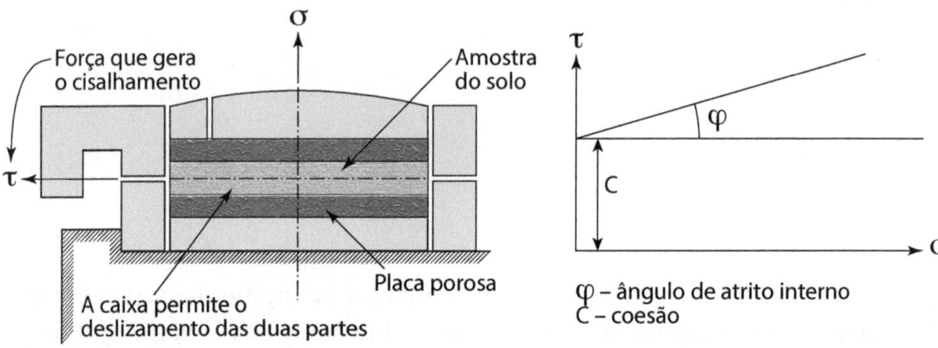

Onde τ é a tensão de cisalhamento, σ é a tensão de compressão, φ é um ângulo chamado ângulo de atrito interno, e C é a coesão da amostra, que pode ser um material argiloso ou material arenoso. Se for um material estritamente arenoso, então, a coesão é nula e, portanto, C = 0.

Pode-se imaginar, mas nunca garantir, em face da variabilidade do solo ponto a ponto – esperar com cautela –, que podemos fazer cortes de terreno estáveis, se o ângulo de corte do talude for igual ou menor ao ângulo de atrito interno.

Nota – O ângulo de atrito interno é próximo ao ângulo de repouso das amostras que, se espera, sejam homogêneas, ou seja, que não tenham variação de características entre si.

Questão expositiva sobre o ângulo de atrito interno

Seja uma questão na qual, para sua resolução, utilizaremos o conceito de ângulo de atrito interno do solo. Devemos escolher o ângulo do talude de vários cortes de morros laterais a uma estrada que vamos começar a implantar. A estrada é secundária (menos importante) numa área rural, e tem cerca de 15 km de extensão em uma região montanhosa. O terreno no qual a estrada se localizará tem um trecho de solos argilo-arenoso (trecho A) outro trecho argiloso (trecho B) e um trecho arenoso (trecho C).

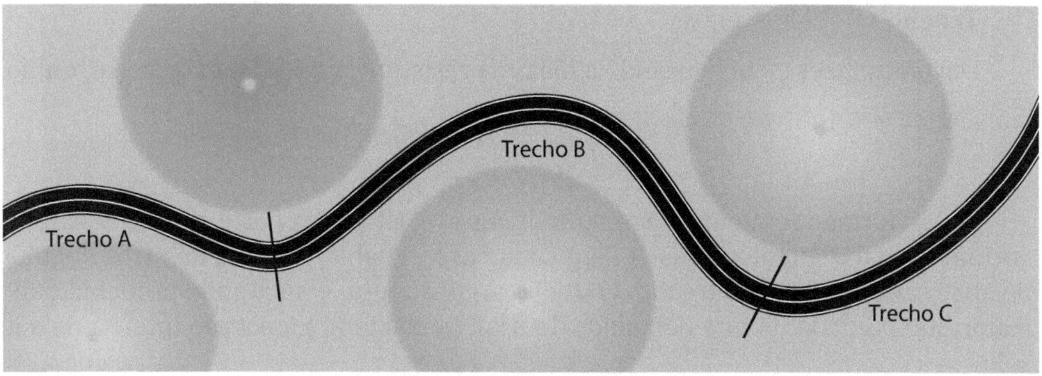

Para cada um dos três trechos, por hipótese, de solo homogêneo, foram tomadas amostras que foram para laboratório fazer ensaios triaxiais de cisalhamento.

Os dados dos testes laboratoriais resultaram:

- trecho A – solo argilo-arenoso – coesão 0,27 kgf/cm^2 e ângulo φ igual a 18°;
- trecho B – solo essencialmente argiloso, coesão de 1,2 kgf/cm^2 e ângulo φ igual a 31°;
- trecho C – solo arenoso – coesão nula e ângulo φ igual a 12°.

Pergunta-se: Quais os mais adequados ângulos de corte dos taludes para minimizar o volume de corte e, com isso, o custo da obra?

Trecho A – solo argilo-arenoso

Nesse caso, mesmo existindo coesão, procura-se desprezar, por segurança, essa coesão dada pela parte argilosa do solo. Sendo assim, pode-se optar por fazer o corte usando-se ao máximo a resistência ao cisalhamento do solo e, então, o ângulo de corte pode ser igual ao ângulo de atrito interno do solo no trecho A.

Logo, ângulo φ = 18°.

Trecho B – solo essencialmente argiloso

Analogamente, vamos desprezar a coesão C igual a 1,20 kgf/cm^2. Assim, sugere-se que devemos fazer o corte usando ao máximo a tensão de cisalhamento do solo e, então, o ângulo de corte do maciço de solos poderá ser igual ao ângulo de atrito interno do solo, e valendo:

ângulo φ = 31°.

Trecho C – solo arenoso

Devemos fazer o corte usando a máxima resistência que o solo possui e, então:

ângulo $\varphi = 12°$.

Dessa forma, economizamos ao máximo o gasto com corte do terreno, pois cortamos com o ângulo de corte, em cada caso, igual a cada um dos três ângulos de atrito interno de cada trecho. O trecho argiloso terá, com grande probabilidade, maior durabilidade, já que deixamos de usar (considerar) a coesão interna do seu solo.

α – ângulo de corte do maciço terroso CORTE
φ – ângulo de atrito interno determinado em ensaio de cisalhamento

Em princípio, em cada trecho:

- se $\alpha > \varphi$ haverá desmoronamento, possivelmente, a curto prazo;
- se $\alpha \leq \varphi$ a obra é estável;
- se $\alpha \lll \varphi$ a obra é muito estável e muito cara, pois o volume de corte é maior que o estritamente necessário.

Nota – Existem dois tipos de exame de laboratório para caracterizar um solo quanto ao cisalhamento (corte):

- ensaio direto: mais rápido e mais simples, mas menos preciso;
- ensaio triaxial: mais sofisticado, mais demorado, mais caro e mais preciso.

25 A capilaridade nos solos e seus danos às construções civis

Antes de estudarmos a capilaridade, que é o fenômeno da subida de água no interior de corpos, falemos de algo chamado franja capilar. Se fizermos um buraco no terreno para pegar água para um poço raso, veremos, com facilidade, a profundidade do solo em que aparece o nível de água. Só que, antes e mais alto desse nível, acontece a famosa umidade ou, assim denominemos em um termo técnico, a "franja capilar", onde alguns fenômenos da capilaridade acontecem.

Acompanhemos o assunto. Seja um papel absorvente com uma extremidade dentro de um recipiente com água. Em contato desse corpo com água, a água sobe pelo corpo do papel. Tudo isso está ligado à textura do papel que cria, junto da água, o fenômeno da capilaridade. Isso acontece com os solos e, principalmente, com os solos argilosos e bem menos com os solos arenosos, sendo quase nulo em corpos de pedra. Podemos afirmar que, quanto for menor o diâmetro das partículas formadoras do corpo* (incluso aí o papel absorvente), mais sobe a água, podendo chegar a mais de cinco metros de ascensão. Assim, quando em suas obras foram previstas sapatas ligadas à alvenaria, mesmo que o lençol freático esteja baixo, haverá dias de chuva em que esse lençol freático, via sua franja hidráulica, fará a umidade subir pela alvenaria, criando, dentro da casa, um ambiente não saudável e atacando certas pinturas e revestimentos internos da edificação. Recomenda-se, pois, que se usem tintas e líquidos impermeabilizantes na alvenaria, junto ao chão, cortando o caminho possível da subida da umidade.

No Brasil dos séculos XVII e XVIII, a situação era mais grave, pois as paredes eram de barro socado e altamente desagregável com a umidade. Por isso, tomavam-se as seguintes providências para evitar o contato da água com a argila crua das paredes:

* Lembrar que as partículas do solo argiloso são microscópicas, crescem para os solos siltosos e são macroscópicas para os solos arenosos.

a. Depois das fundações, era colocada uma camada de pedra, com a ideia de impedir a subida de água, pois a capilaridade é bloqueada em uma camada de pedra. Era o trecho chamado de "trecho anticapilar". Dizem os historiadores que também era usado, como camada impermeabilizante, o óleo de baleia. Hoje, temos práticos produtos químicos industriais para isso.

b. Os telhados avançavam bastante para fora das casas para proteger as paredes externas contra as chuvas e os respingos.

Daí a expressão de então:

Casa de barro socado precisa de chapéu e botas...

Notas

1– Este autor trabalhou com seu escritório em uma casa de alvenaria construída nos anos 1940, onde aconteciam dois fatos:

- a pintura das paredes estourava;
- crescia vegetação dentro da sala!!!!! e junto aos rodapés. A conclusão foi fácil: tinha ocorrido uma falha na impermeabilização das fundações dessa casa e a umidade subia do chão, estourando a pintura e permitindo, com a umidade, que certos vegetais crescessem.

2– A foto a seguir, de uma edificação totalmente de barro (argila), explica sua sobrevivência ao tempo por dois motivos:

- na região chove pouco e, com isso, o lençol freático e também a franja capilar estão muito baixos;
- é da cultura local que, havendo qualquer dano à estrutura de argila, ela seja refeita pelos artesãos que construíram as casas.

3– Por tudo mostrado, use a impermeabilização para impedir a entrada (subida) de água dentro da edificação.

Exemplo

Fundação com sapata de concreto armado, onde a água poderia subir via o corpo de concreto, mas, com uma capa impermeabilizante (produto industrial), essa subida será impedida.

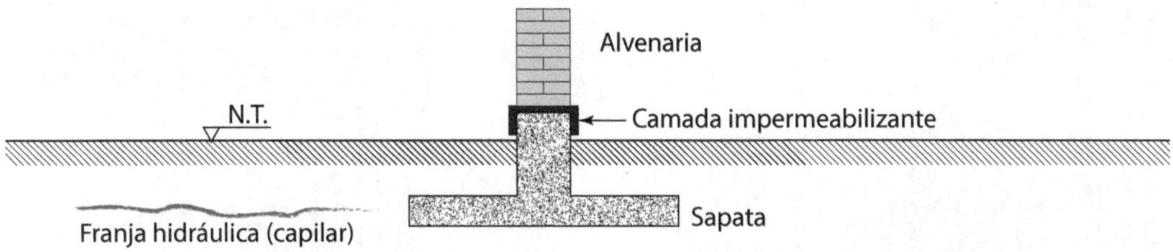

Igreja Matriz de São Luiz do Paraitinga, SP.

Nota – A Igreja Matriz da cidade histórica de São Luiz do Paraitinga, SP, sofreu com uma enorme inundação faz alguns anos. As paredes dessa igreja eram feitas de barro socado (argila compactada) e resistiram por séculos. Com a inundação, as paredes de barro socado quase foram dissolvidas e a torre onde ficavam os sinos, vários metros acima do nível máximo da inundação, ruiu. Se as paredes principais da igreja tivessem sido construídas com tijolos (argila queimada), nada de mais grave teria acontecido estruturalmente, pois argila queimada resiste à umidade. Um exemplo disso é a talha moringa cheia de água.

Veja o que aconteceu com a estrutura da igreja, face sua inundação:

...depois de o prédio de 1840 ter virado ruína com fortes chuvas na cidade em 2010 Cotidiano 1 C5

Foto: Jornal *Folha de S.Paulo*, 17 de maio de 2014, p. A2.
Crédito: Mário Angelo – 2. jan. 2010/Folhapress.

26 Entendendo as provas de carga nas fundações

Terminada a execução das obras de fundação de um prédio ou de uma ponte, algumas perguntas restam: Essas fundações atendem ao projetado e desejado? Resistirão às cargas? Recalcarão em demasia? Para responder a essas perguntas devemos responder antes:

1. Foram feitas, previamente, sondagens em número e em tipo recomendável?
2. O projeto da estrutura e das fundações foi feito por pessoal experiente?
3. As obras foram feitas por pessoal experiente?
4. Houve fiscalização nas obras?

E o terrível:

5. Aconteceu algo de diferente durante as obras e não previsto pelos estudos iniciais?

Se as respostas às quatro primeiras perguntas forem sim, e não para a quinta condição, costumamos aceitar as obras, esperando que tudo esteja OK, mas devemos continuar a acompanhar o desenvolvimento das obras de fundação na superestrutura. Mas fica ainda uma questão. Se algumas coisas aconteceram durante as obras (admitamos um estaqueamento), do tipo:

- algumas estacas afundaram mais do que o esperado;
- algumas estacas não penetraram no solo tanto quanto esperado.

Nessas situações, surge a dúvida:

- Precisaremos executar uma prova de carga nessas obras de fundação para saber da qualidade do produto resultante?

O que é uma prova de carga em fundações? Trata-se de um procedimento, algo difícil e demorado, carregando as obras de fundação com cargas paulatinamente crescentes e medindo-se a penetração da obra de fundação (por exemplo, estacas). Se elas penetrarem com um valor próximo do previsto no projeto, aceitamos a obra. Se houver uma discrepância entre o previsto e o que ocorreu, teremos de chamar um especialista em fundações para que ele opine.

Talvez o especialista recomende fazer um outro tipo de prova de carga das fundações. A dificuldade da prova de carga está em obter carga (peso) de forma crescente, carregando a obra de fundação.

Referências sobre prova de carga

- Edifício Martinelli (anos 1930, em São Paulo), em que, tendo sido executadas fundações diretas para um prédio com certo número de andares, o projeto foi modificado para um número maior de andares (e, portanto, com maior carga). Feita a prova de carga para a carga maior, a fundação foi aceita (ou seja, afundou pouco com a nova e maior carga).
- Prova de carga na década de 1970 sobre uma ponte recém-construída sobre o Rio Pinheiros, São Paulo, SP.
- Prova de carga em prédio administrativo perto de Santos, SP.
- Várias provas de carga na Ponte Rio-Niterói.

Notas

1– Provas de carga em prédios prontos seguiriam as mesmas regras, mas a complexidade é maior em face das dificuldades em obter-se (reproduzir) as cargas do carregamento. Em todos os casos, devemos acompanhar a evolução de deformações (flechas) e aberturas de fissuras na alvenaria.

Ver normas ABNT:
6.489 – Prova de carga direta no terreno da fundação;
12.131 – Estacas – Prova de carga estática;
13.208 – Estacas – Ensaio de carregamento dinâmico.

2– Cada carga crescente da prova deve ser colocada com um espaçamento de tempo para que os fenômenos decorrentes tenham tempo para ocorrer.

3– Não se leva, no teste, ao valor limite de carga. Se os resultados apresentarem resultados inferiores ao esperado, lembre-se que:

- certas estruturas podem vir a trabalhar com menos cargas, por exemplo, um prédio pode trabalhar com cargas aliviadas;
- certas estruturas podem ser reforçadas.

27 Um caso histórico de reforço de fundações em São Paulo usando o congelamento do solo

Um belo prédio de escritórios foi construído na década de 1950, em São Paulo, no seu centro comercial e com mais de 15 andares. Usou-se uma estrutura convencional de concreto armado. Nas fundações foi usado um tipo de estaca muito usado na época, que consistia em cravar uma camisa metálica no solo e encher essa camisa com concreto muito bem socado (apiloado) gerando, com esse concreto muito bem socado e na sua extremidade, um bulbo.

Quando o prédio estava pronto para uso e ia ser entregue aos seus usuários, notou-se que estava afundando mais de um lado que de outro. Era o terrível recalque diferencial que pode transmitir à estrutura de um prédio grandes esforços não previstos no projeto estrutural.

O prédio em questão era um dos mais sofisticados da cidade e estando pronto, era necessário salvá-lo.

A causa aparente do recalque diferencial, descobriu-se depois seria um trecho diferente de solo que as sondagens geotécnicas (com os seus SPT) não denunciaram. Esse trecho diferente do solo era menos resistente e estava cedendo.

Era urgente salvar o prédio. Foi feita uma consulta a um especialista no exterior e ele recomendou, como medida temporária, o congelamento do solo e, depois, o reforço nas fundações do trecho "doentio".

Isso tudo foi feito e o prédio foi salvo e hoje está em pleno uso.

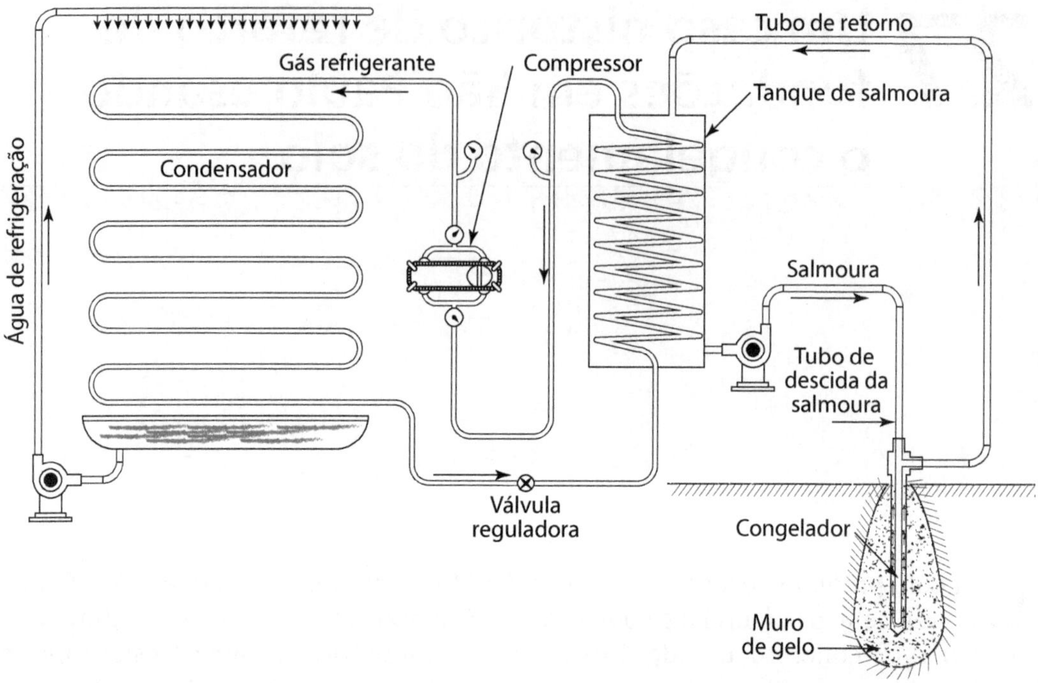

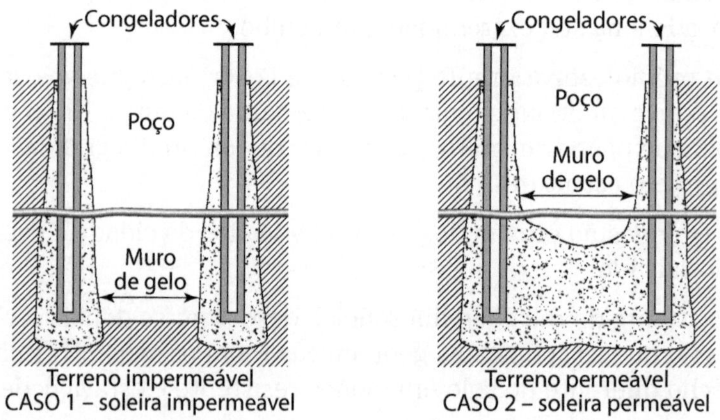

Na *Revista da Associação dos Antigos Alunos da Escola Politécnica*, o texto do professor Milton Vargas é:

> Pois bem, no caso do edifício da Cia. Paulista de Seguros, a fundação foi projetada tendo em vista a natureza do lado esquerdo sob a convicção que ela não poderia ser diferente no lado direito, a apenas 20 m de distância. Escolheu–se uma fundação por estacas Franki, moldadas no local com seus bulbos alagados no nível da camada de argila, a fim de evitar o que tinha acontecido no

caso do edifício do Banco do Estado. Por sorte, o IPT solicitou ao construtor que se instalasse nesse prédio um RN profundo para observações de recalques – o que foi aceito desde que o IPT não cobrasse nada por seu trabalho e apenas recebesse o material necessário para a implantação.

Assim foi feito e durante a construção se fizeram medições periódicas de recalque. Porém, quando estava quase concluído, o prédio começou a inclinar do lado onde não tinham sido feitas sondagens – e onde, por sinal, existia um porão. Sondagens feitas nesse local mostraram sob os bulbos das estacas uma espessa camada de argila muito siltosa mole – ausente do outro lado do terreno, onde as primeiras sondagens que serviram para o projeto de fundações tinham sido feitas.

Como os recalques diferenciais progredissem continuamente até que o prédio mostrasse um visível desaprumo, a companhia estaqueadora projetou o congelamento da parte direita do terreno a fim de sustar os recalques do edifício. Atuou como consultor dos estudos de solos, respectivos ensaios e coordenador da execução do processo, um engenheiro politécnico ilustre: Odair Grillo.

Depois de congelado o solo e estabilizados os recalques, iniciou-se a tarefa de reforçar permanentemente as fundações, pois com o congelamento elas estariam seguras somente enquanto funcionasse a verdadeira fábrica de gelo instalada para manter o solo congelado. Foram, então, abertos a marteletes pneumáticos nove poços circulares no terreno congelado. Esses poços foram cheios de pega rápida a fim de formarem tubulões de fundações que descarregassem as cargas do prédio diretamente na camada de areia, abaixo da camada compressível. Finalmente concretados os tubulões – com uma série de problemas tecnológicos relacionados com a pega no cimento em baixa temperatura – foram instalados macacos hidráulicos entre eles e a estrutura, a fim de recolocar o prédio novamente a prumo.

Anote, comente, desenhe...

28 Movimento de terra e o meio ambiente: apresentação de um caso real de implantações de um conjunto de estradas

Se o leitor viajar pelas rodovias da Europa, vai estranhar que nas estradas para atravessar um maciço, e onde normalmente usamos fazer cortes nos terrenos, os europeus fazem túneis.

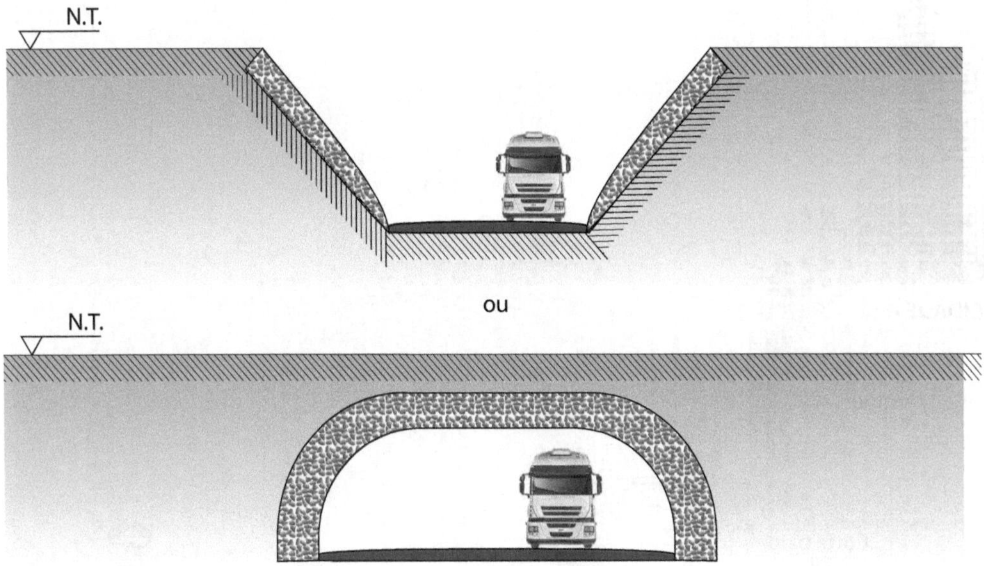

As razões para essa opção diferente da nossa tecnologia podem ser várias, mas um aspecto precisa ser considerado: a abertura de valas em estradas no seu trecho em serra gera muito mais volume de corte em solo que a escavação em túnel.

Surge, assim, uma questão ecológica: Onde dispor corretamente esse solo excedente proveniente da escavação? Os custos e os cuidados dessa disposição podem ser tão grandes que os engenheiros optem pela alternativa túnel.

Vamos contar uma história verdadeira de três estradas rodoviárias que ligam duas cidades A e B do Brasil. As cidades A e B são muito importantes e distam cerca de 120 km uma da outra; no meio do trajeto entre as duas existe uma região de serra que vence um desnível da ordem de 550 m. Essa região de serra era coberta por mata intocada. Na década de 1940 foi construída a primeira autoestrada ligando as duas cidades. Naquela época, as exigências de traçado eram mais suaves que as atuais, ou seja, a largura de pistas, declividades de pista e raio de traçado eram menos exigentes. Mas, mesmo com exigências menores, havia que cruzar os trechos montanhosos, e aí os cortes do terreno se impuseram. E o que fazer com o material cortado e que precisava ser disposto? Esse material foi, simplesmente, descartado, lançado serra abaixo, sem nenhuma preocupação ecológica, pois nos anos 1940 a própria expressão "ecologia" era desconhecida.

Chegamos aos anos 1970 e urgia construir uma nova e independente estrada ligando as duas cidades. Só que nesses anos 1970 as exigências de traçado eram muito mais severas e isso gerou um volume de cortes de terreno na serra de maior

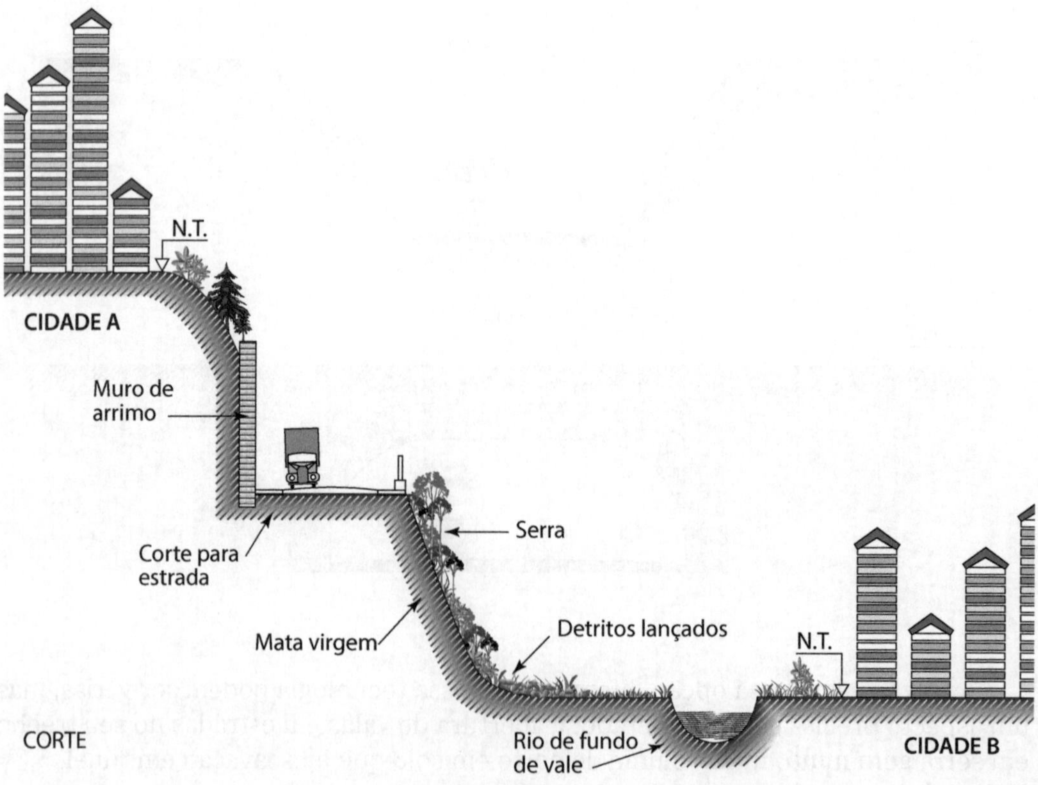

vulto do que na década de 1940. E o que fazer com o material cortado e agora sem uso? Como já havia uma nascente consciência ecológica, isso gerou um problema que foi para os jornais para intensa discussão. Tentou-se, como é regra, jogar a culpa ou, no mínimo, a responsabilidade nas costas dos empreiteiros da obra. Mas os empreiteiros tinham sido contratados na modalidade "preços unitários" e nas planilhas de contratação não havia itens para uma adequada, e cara, disposição desse solo excedente. E o que era pior: toda a verba prevista e empenhada (reservada) para a construção da estrada estava literalmente estourada. O que fazer? Como havia a necessidade de cumprir o cronograma, em face das eleições seguintes, veio a ordem (sempre verbal) de superiores:

> – Jogar todo o solo escavado excedente serra abaixo, que a chuva leva e a estação das chuvas está se aproximando.

Assim foi feito. Solos em grandes volumes foram jogados, sem nenhuma preocupação, serra abaixo. As consequências foram grandes, incluso aí o assoreamento parcial de um rio de fundo de vale da serra e que abastecia a cidade B. O assunto ferveu, e aconteceu grande gritaria, principalmente dos moradores da cidade B que, por certo tempo, passaram a receber água com algum teor excessivo de turbidez e cor, originária do solo disposto no rio e que a estação de tratamento de água não conseguiu remover. O caso virou emblemático, auxiliando a fazer crescer a consciência ecológica dos moradores.

Estamos agora nos anos iniciais do século XXI. Com o crescimento da economia, aumentou ainda mais o fluxo rodoviário entre as cidades A e B e, com isso, toda a capacidade de escoamento das duas estradas ficou lotada e se impôs a construção de uma terceira estrada. Os ambientalistas já organizados e em muito maior número começaram a influir nas decisões. Conclusão: toda a nova estrada na região da serra foi construída com túneis e o bem menor volume de solo e rocha produzidos na escavação dos túneis foi adequadamente disposto. Parte do material rocha foi vendida para duas pedreiras da região.

Foi uma lição de Mecânica dos Solos, Mecânica das Rochas e Ecologia...

Nota implacável – Para vender pedras, seria necessária uma autorização do Ministério de Minas e Energia. Leva tempo...

Saibamos: No Brasil, o dono de um terreno não é dono das riquezas minerais desse terreno, como petróleo, ouro, rochas, argilas, areia etc. Para poder extrair e comercializar esses produtos, é necessário obter, junto a esse ministério, a concessão de lavra.

Anote, comente, desenhe...

29 Dados de capacidade de cargas em sistemas de estaqueamento: limites do SPT

Quando o caro leitor for escolher e projetar uma fundação, encontrará no mercado ofertas de firmas comerciais de vários sistemas de estaqueamento e com várias capacidades. Atenção para o assunto capacidade. As firmas de fundações de pré-moldados vendem e instalam peças e a capacidade que são anunciadas são as capacidades das peças medidas em laboratório (resistência a esforços de compressão) e devem ser entendidas como cargas limites.

O fato é que uma fundação pronta terá uma capacidade que será implacavelmente o resultado da interação estaca e solo. Uma ótima estaca cravada em um terreno péssimo (mole) terá mínima capacidade de suporte de carga.

Os dados de entrada para a escolha dos sistemas de fundação são:

- cargas e suas localizações no prédio;
- dados do terreno via sondagens e seus SPT.

Vimos alguns tipos de fundações e suas capacidades indicadas pelos seus fornecedores, e tivemos entendidas as suas capacidades, com a ressalva indicada.

Os dados são da *Revista Guia da Construção*, Editora Pini, n. 143, jun. 2013.

1. Estacas Mega (de reação)

- comprimento acima de 5 m: capacidade em toneladas – 20, 30 e 40;
- comprimento até 5 m (residências) em toneladas – 20, 30 e 40.

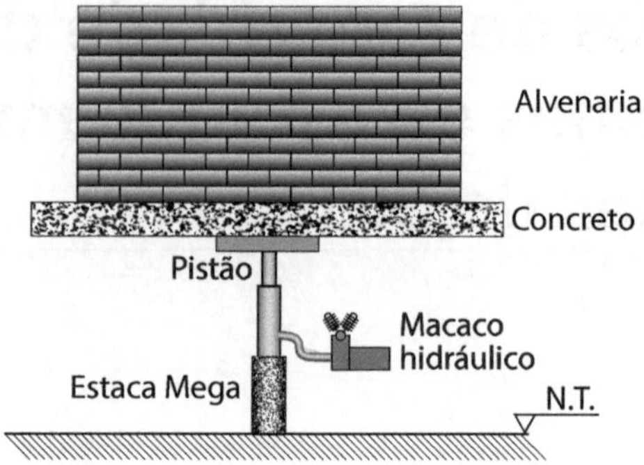

2. Estacas pré-fabricadas, de concreto centrifugado, seção circular vasada

Diâmetro da seção (mm)	Carga admissível (t)
260	50
330	75
380	90
420	115
500	170
600	230

3. Estaca hélice contínua

Diâmetro da seção (mm)	Carga admissível (t)
400	80
500	130
600	160
700	220
900	360

4. Estaca Strauss (a mais usada no Brasil)

Diâmetro da seção (mm)	Carga admissível (t)
250	20
320	30
380	40

Palavras filosóficas sobre a estaca pré-moldada e estacas metálicas:

> A gente sabe muito bem o que vai penetrar no solo, mas o solo, a gente não sabe o que ele é...

No caso da estaca Strauss é o contrário. A gente sabe do solo pelo material escavado, mas não se sabe da qualidade do concreto lançado de grande altura.

Durante a produção da estaca a gente fica conhecendo o solo, mas desconhece a qualidade da concretagem em face da grande altura de lançamento do concreto.

O engenheiro Lucas Veloso publicou a tabela a seguir e este autor, M. H. C. Botelho, interpreta a sigla NSPT como SPT comum em um trecho.

Valores limites de NSPT para parada de estacas			
Tipo de estaca		N lim.	
Pré-moldada de concreto	Θ < 30	15 < NSPT < 25	∑ NSPT = 80
	Θ > 30	25 < NSPT < = 35	
Perfil metálico		25 < NSPT < = 55	
Tubada (oca, ponta fechada)		20 < NSPT < = 40	
Strauss		10 < NSPT < = 25	
Franki	Solos arenosos	8 < NSPT < = 15	
	Solos argilosos	20 < NSPT < = 40	
Estação e diafragma, com lama bentônica		30 < NSPT < = 80	
Hélice contínua		20 < NSPT < = 45	
Ômega		20 < NSPT < = 40	
Raiz		NSPT > = 60 (penetra em rocha sã)	

Fonte: <www.castroconsult.com.br>.

Anote, comente, desenhe...

30 Amplitude de serviços de Engenharia de Fundações e obras correlatas

Com o intuito de mostrar o mundo de serviços de Mecânica dos Solos e Fundações, transcrevemos a lista de serviços que podem ser prestados por firmas executoras de obras e associadas à Associação Brasileira de Engenharia de Fundações. Disponível em: <www.abef.com.br>. Acesso em: 27 nov. 2013.

Fundações profundas

- Estacas escavadas
- Estacas escavadas com lama bentonítica
- Estacas hélice contínua
- Estacas injetadas
- Estacas mega
- Estacas metálicas
- Estacas pré-moldadas de concreto
- Estacas raiz
- Estacas secantes
- Estacas tipo Franki
- Estacas tipo Strauss
- Microestacas injetadas
- Tubulões a ar comprimido
- Tubulões a céu aberto
- Tubulões mecanizados

Investigações geotécnicas

- Ensaios geotécnicos
- Ensaios de infiltração
- Ensaios de laboratório
- Sondagens a percussão

Contenções

- Chumbadores
- Concreto projetado
- Contenção tipo Berlim/berlinese – *Type Wall*
- Contenções de encosta
- Controle de erosão de solos
- Cortina de concreto
- Cortina de estacas prancha/*Sheet piles wall*
- Paredes diafragma
- Pequenas barragens
- Solo grampeado
- Tirantes

Serviços especiais

- Canalizações de córregos
- Congelamento
- Controle de recalques
- Controle tecnológico de concreto, solos e asfalto
- Drenos fibroquímicos
- Drenos horizontais profundos (DHP)
- Drenos verticais de areia
- Sondagens a trado
- Sondagens especiais
- Sondagens rotativas

Fundações rasas ou diretas

- Consolidação profunda radial (CPR)
- Enfilagens
- Fundações rasas ou diretas

- Injeção de cimento
- Injeção de consolidação e impermeabilização
- *Jet Grouting*
- Molhes e espigões marítimos e fluviais
- *Permeation Grouting*
- Poços profundos
- Proteção costeira e fluvial
- Proteção da margem
- Provas de carga
- Rebaixamento de lençol freático – poços
- Rebaixamento de lençol freático – vácuo
- Reforço de fundações
- Tratamento químico de solo
- Tratamento de rocha
- Túneis em solo e rocha
- Viga longarina

Anote, comente, desenhe...

31 Sondagens geotécnicas prévias à definição do empreendimento: devemos fazer?

Contemos uma história sobre a necessidade, ou não, de se fazer sondagens geotécnicas em um terreno antes da definição de um empreendimento.*

Um grande grupo industrial comprou uma fazenda na região Centro-Oeste do Brasil para aí instalar uma laminação de aço com projeto conceitual a chegar proximamente da Alemanha. O terreno tinha cerca de 300.000 m^2 que, se fosse uma área quadrada, daria algo como 550 × 550 m. Antes de comprar a gleba, como é normal, verificou-se a sua documentação imobiliária e foram feitas visitas minuciosas ao local para verificar se na gleba não havia problemas do tipo "direitos de passagem" (típicos da área rural), áreas invadidas por posseiros etc. Tudo pronto, a gleba foi comprada. O departamento jurídico da indústria recomendou a instalação de sinais ostensivos de posse como cercas e placas. Por outro lado, o departamento de engenharia do grupo industrial recomendou que se fizesse um levantamento topográfico de precisão, amarrado às referências de nível oficiais e, com isso, a escritura de registro de imóvel poderia ser ajustada em face de sempre existentes pequenas divergências com os vizinhos. Feito esse levantamento topográfico, a engenharia recomendou, então, que se fizesse um levantamento geotécnico com sondagens tipo SPT e a trado. Aí houve oposição ferrenha da Gerência Administrativa e que cuidava de custos do empreendimento, pois:

a. não se tinha o *layout* da laminação e poderíamos fazer sondagens onde não haveria prédios e faltariam sondagens em locais com prédio;

b. não tendo a localização dos prédios da indústria, não havia critério para definir o número de sondagens, lembrando que a norma de programação de sondagens é em função das áreas prediais em plantas;

c. não se sabia a profundidade adequada a alcançar dos furos de sondagens;

* Fato acompanhado pelo autor deste livro.

d. a firma projetista alemã poderia desejar outro tipo de sondagem, mais moderno, talvez melhor que o velho SPT.

Felizmente, havia na Engenharia do grupo industrial um velho engenheiro que lutou pela seguinte solução:

a. fazer de imediato sondagens geotécnicas SPT em quadrados 75 × 75 m resultando 300.000/75 × 75 = cerca de 53 furos de sondagens. Tudo bem espalhado;

b. a profundidade de cada furo SPT seria de 15 m para 40 furos e a profundidade de 20 m para os 13 restantes e tudo igualmente espaçado;

c. fazer bem espaçados 30 furos de sondagem a trado mecanizado, com seis metros de profundidade, e com medição do nível de água no furo no dia da perfuração, outra após 10 dias e dali a 30 dias. Claro que o material retirado do solo com a sondagem era guardado e enviado para análise em laboratório geotécnico.

Tudo isso foi feito, mas sobravam as seguintes dúvidas:

a. Por que e em que norma se amarrava o pedido de sondagem SPT de quadrados de 75 × 75 m?

b. Por que a profundidade de 15 m em cada furo de sondagem SPT e, em poucos casos, furos com 20 m de sondagem SPT?

c. Qual a razão de se efetuar 30 furos a trado mecanizado com análise do solo em várias camadas e qual a necessidade de medir o nível de água no dia da perfuração e também após 10 dias e 30 dias?

Inquirido sobre essas opções, o velho engenheiro respondeu:

a. a pior alternativa de obra é não ter nenhum dado e, no caso, teremos, com as providências tomadas, muitos dados úteis;

b. na falta de outros critérios, ajuda muito ter sondagens SPT a cada área quadrada de dimensões 75 × 75 m, ou outro valor, próximo a isso;

c. a profundidade de cada furo de sondagem SPT, com 15 m e alguns com 20 m, reflete uma experiência pessoal;

d. os furos a trado mecanizado com medições do nível de água em três oportunidades eram para se orientar o *layout* da laminação e a importância que o nível de água tem em obras civis de todo o tipo.

Tudo foi feito, com problemas é claro, conforme as recomendações do velho engenheiro. Os critérios adotados eram fruto da sua experiência.

Passados 60 dias, e já com os resultados conseguidos, chegou um e-mail da empresa alemã, projetista da laminação:

> – Para fazermos o primeiro *layout* da laminação precisamos saber das características geológicas do solo do terreno. Vocês têm alguma informação sobre isso, mesmo que preliminar?

Sim, os dados agora existiam, sábias recomendações...

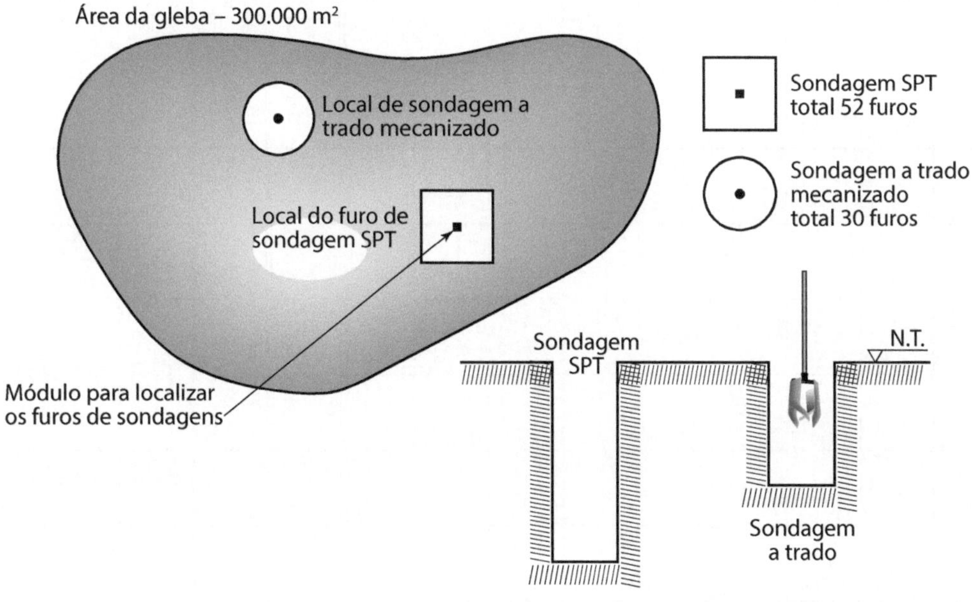

Anote, comente, desenhe...

32 Tabela de testes de campo e exames laboratoriais mais usados em obras atuais de Mecânica dos Solos e Fundações

Vamos reapresentar a listagem de testes de campo e exames laboratoriais mais usados em Mecânica dos Solos e Fundações. Uma visão agrupada e panorâmica deles permite uma visão mais ampla e crítica.

Obra	Exames laboratoriais ou de campo
Fundações de edifícios	Sondagem a trado Sondagem a percussão SPT Medida do nível de água no terreno Prova de carga
Recalques de edificações	Ensaio de adensamento
Maciços terrosos – aterros	Curva granulométrica Ensaio de Proctor
Barragens de terra	Seleção do material de empréstimo Ensaio de compactação – Proctor
Estabilidade de taludes e muros de arrimo	Ensaio de cisalhamento direto Ensaio de cisalhamento via ensaio triaxial
Rebaixamento de lençol freático	Medida da permeabilidade do solo
Projeto de estradas	Índice CBR
Estudos gerais	Peso específico do solo

E muitas visitas ao local da obra antes do início das providências.

Anote, comente, desenhe...

33 Casos interessantes de Mecânica dos Solos e Fundações

Apresentamos situações e obras em que a Mecânica dos Solos e a Engenharia de Fundações aparecem, ajudando esses casos a ilustrar e ensinar essas matérias.

33.1 Por que os locais (cercado) de doma de cavalo têm sempre piso de areia e só areia?

Vamos responder pelo caminho do contrário. Digamos que esse piso fosse de argila. Quando chovesse seria um barro só, mas isso não é o mais importante. Terminada a chuva, vem o sol e o piso de argila formará duras protuberâncias, pequenas ondas duras,* e, se treinarmos os cavalos com esse piso, eles poderão torcer o pé, algo gravíssimo que, às vezes, leva ao sacrifício do animal. Se o piso for de areia, com uma drenagem, estará sempre seco e solto (sem coesão) e, com isso, os cavalos jamais torcerão o pé por causa do piso. Além disso, por ser o piso de areia, um piso que cede ao pisar, isso cansa mais o cavalo, facilitando a doma. Quem já jogou futebol em piso de areia pode sentir como isso cansa mais do que um piso de grama. E quem não jogou, mas pisou em uma praia na sua parte mais seca, sabe do cansaço que se chega ao andar no trecho seco da areia.

* Argila tem coesão, nunca nos esqueçamos disso.

33.2 As consequências da obra de uma edificação de um só andar sem estudo algum de fundações

Na periferia de uma cidade de porte médio crescente, para porte quase grande, existia uma grande área sem uso e que se achava (?) que era de propriedade da prefeitura. O pobre bairro que cercava essa área era de ocupação recente. Organizados, os moradores foram à prefeitura solicitar, além de um plano habitacional para a área, a construção imediata de um centro comunitário, local de encontro dos moradores, de atividades de artesanato etc. A prefeitura aceitou a ideia e contratou o projeto arquitetônico desse centro comunitário. Resultou um projeto de uma edificação térrea com cerca de 700 m^2. Uso de alvenaria de blocos de concreto e cobertura com lajes treliça.

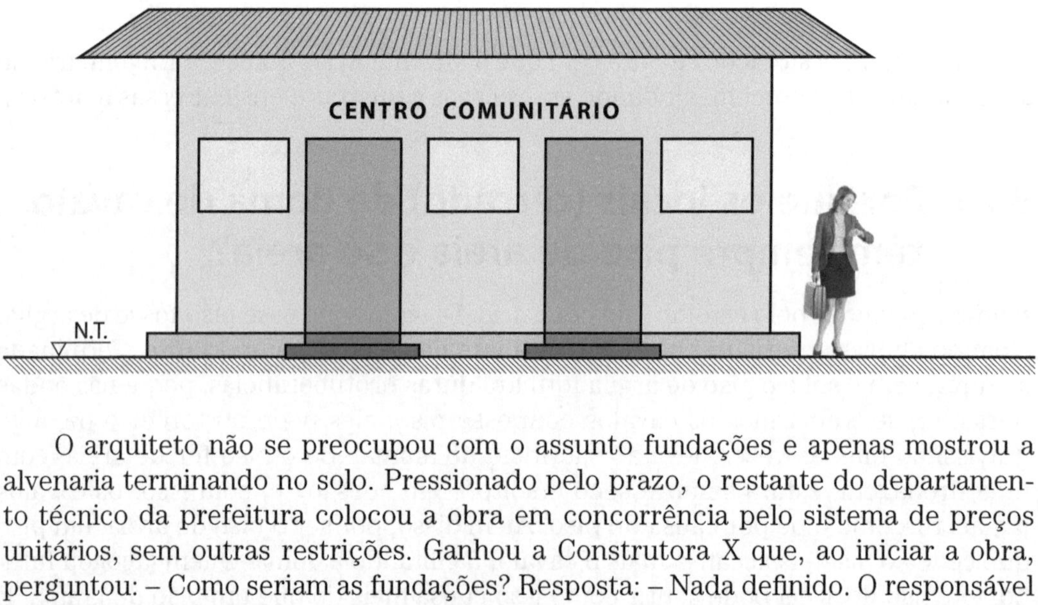

O arquiteto não se preocupou com o assunto fundações e apenas mostrou a alvenaria terminando no solo. Pressionado pelo prazo, o restante do departamento técnico da prefeitura colocou a obra em concorrência pelo sistema de preços unitários, sem outras restrições. Ganhou a Construtora X que, ao iniciar a obra, perguntou: – Como seriam as fundações? Resposta: – Nada definido. O responsável técnico da prefeitura (fiscal) determinou:

— Façam, a 30 cm de profundidade, ao longo de todas as paredes internas e externas da edificação, uma sapatinha de concreto armado com cerca de 30 cm de largura.

Sondagens? Nada. Assim foi feito, e o prédio foi construído e entregue aos moradores. O prédio entrou em uso. Dois meses depois da entrega, começaram a surgir fissuras na alvenaria, fissuras que viraram trincas. Chamado o corpo técnico da prefeitura, esta entendeu que era um problema de fundações que a sapatinha não resolvera. Por cautela, o prédio foi interditado. Foi ótimo. Depois de mais três meses todo o prédio entortou.

Como é regra, iniciou-se um inquérito na prefeitura para saber quem era o culpado pelo desastre, pois o prédio ficou irrecuperável. A primeira suspeita era a construtora. Eis que explode uma notícia que mudou tudo. A área, em questão, era um terreno sobre um aterro de lixo, aterro com pouco mais de um metro e meio de cobertura com um solo simplesmente sobre ele lançado. Aí, e só aí, foram feitas, então, sondagens com trado e descobriu-se um solo suporte fraco, negro e de mau cheiro, proveniente da decomposição do lixo depositado no passado. Realmente, nada poderia se apoiar sobre aquele solo. Se houvessem sido realizadas sondagens a percussão (no mínimo umas cinco), na procura do famoso SPT, seria descoberto que o solo lixo não tinha resistência. Mas não se precisava fazer sondagens a percussão. Se tivesse havido umas três sondagens a trado com uns 5 m de profundidade o fato também teria sido descoberto. Conclusão: o inquérito não indicou culpado e o centro comunitário foi reconstruído em outro local usando estacas Strauss com cerca de 10 m de profundidade, atravessando o lixo em decomposição e apoiando-se em terreno firme. O uso de estaca pré-moldada de concreto armado foi descartado em face das pequenas cargas da edificação (térrea) e do maior preço dessa solução.

No livro *4 edifícios × 5 locais de implantação = 20 soluções de fundações*, página 173 (Editora Blucher), conto a história do experiente mestre de obras Seu Luizinho, que sempre, sempre e sempre, ao começar uma obra – ele atua em pequenas obras – mesmo existindo sondagens a percussão no terreno, usava um equipamento de sua criação que era um tubo de aço e uma marreta, e percutindo (batendo) a marreta sobre o tubo verificava como o tubo penetrava no solo. Se o tubo penetrasse facilmente era motivo de alarme.

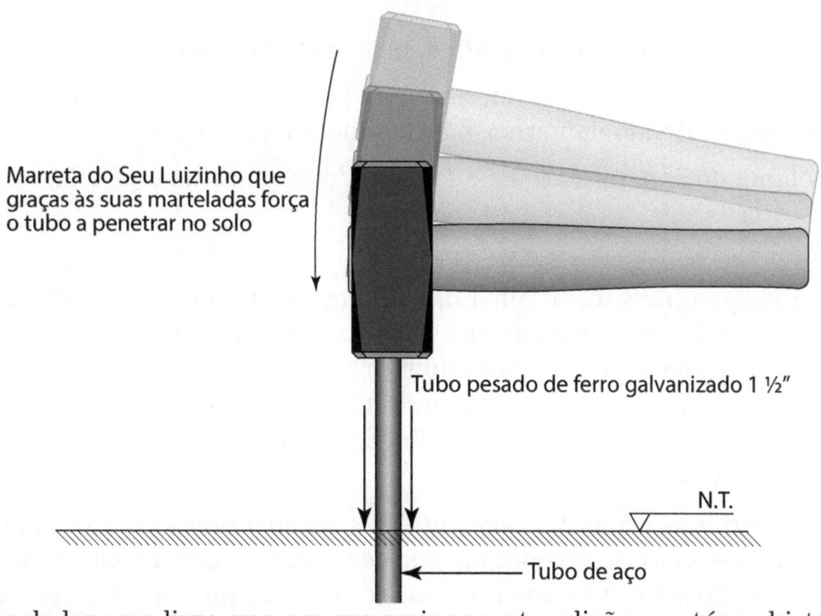

Não deixe de ler esse livro que, em sua mais recente edição, contém a história "Um estaqueamento inesquecível".

33.3 As alternativas de geotecnía em uma concorrência de obra de uma elevatória de esgotos

Em uma cidade de porte médio abriu-se uma concorrência para se construir uma estação elevatória de esgotos, obra enterrada, ou seja, um enorme buraco no chão que, no final da obra, viria a ter uma espessa laje de concreto armado no seu fundo, além de muros verticais também de concreto armado. A concorrência foi pela modalidade de preços unitários. Havia sondagens do local, situação essa altamente elogiável e, por vezes, incomum.*

Havia um projeto que previa:

- escavação;
- rebaixamento de lençol freático;
- escoramento provisório, talvez usando caras estacas pranchas metálicas, que depois seriam removidas para outro uso;
- estrutura de concreto armado.

O lençol freático do local era alto.

Todos os participantes dessa concorrência, o cliente e os interessados, entendiam que os itens mais caros de cada proposta seriam:

- escavação;
- rebaixamento do lençol freático, pois esse nível era alto;
- escoramento da vala durante a obra, pois com a construção da camisa de concreto armado definitivo, o escoramento não seria mais necessário;
- volume de concreto armado das paredes definitivas e piso da estação elevatória.

Olhemos o que aconteceu: uma das propostas era a da Construtora Azul, famosa por fazer propostas alternativas. Os preços unitários da proposta dessa construtora do escoramento e do rebaixamento do lençol freático eram baixíssimos. Inacreditável... Todavia, o item custo unitário do concreto armado era altíssimo, mas o edital de concorrência não impunha limites por item, apenas do total do orçamento, e este era respeitado.

Foram abertas as propostas técnicas. Três construtoras apresentaram soluções convencionais de abertura do poço usando escavação, rebaixamento do lençol freático, escavação do solo, escoramento provisório e estrutura de concreto armado.

* Por incrível que pareça...

Aí abriu-se a proposta técnica da Construtora Azul. O método construtivo era totalmente diferente e inovador. Se ganhasse a concorrência, a construtora faria a obra usando anéis horizontais de concreto armado que se encaixavam verticalmente um com o outro. A penetração dos anéis no solo era feita por percussão dos anéis. O charme era o anel inicial, que tinha um dente para facilitar sua penetração no solo. O esquema da obra seria:

- instalam-se os dois primeiros anéis (incluso o anel com dente que seria o primeiro) e eles seriam socados para entrar no terreno;
- uma draga iria escavando o espaço interno confinado pelos dois primeiros anéis;
- continuação da cravação dos anéis, facilitada pela remoção do solo interno ao buraco;
- continuação da escavação;
- quando o buraco estivesse na cota desejada, se faria a construção da laje interna de concreto armado;
- o gasto com o escoramento seria nulo e o rebaixamento do lençol freático era muito baixo em face da característica da obra.

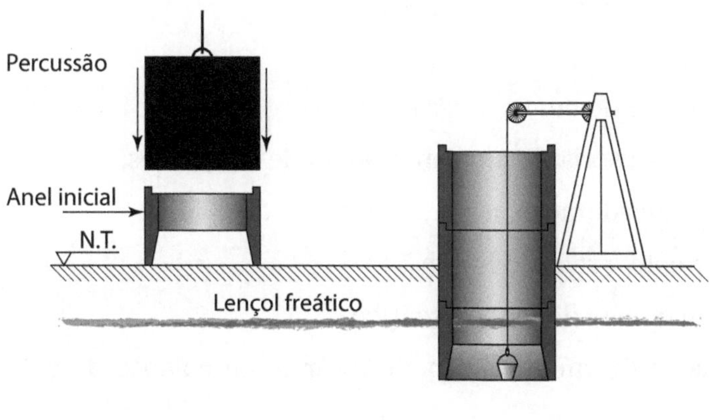

Aí se entendeu o preço baixíssimo da proposta da Construtora Azul para os itens escavação, escoramento e rebaixamento do lençol freático e o preço altíssimo para o concreto armado. As quantidades dos itens escavação, escoramento e abaixamento do lençol freático seriam diminutas e, por isso, não teriam importância no total da remuneração da obra. O valor unitário previsto para o concreto era alto, muito alto, pois muito concreto armado seria usado na sua alternativa.

A proposta da Construtora Azul foi declarada vencedora pelo seu menor preço global.

Apesar de tentativas de impugnação de um outro concorrente, que argumentou que a obra proposta era diferente da prevista no edital de concorrência, a proposta da Construtora Azul foi aceita e executada. Uma revista técnica, em face da repercussão da obra, foi entrevistar o consultor de solos da construtora vencedora. Esse consultor mostrou que, entre outros cuidados, era necessário, analisando-se o solo do local, deixar sempre uma diferença máxima ($h_1 - h_2$) entre o nível do solo externo à obra e o piso interno à elevatória. Contou o consultor que, em outra obra que ele conheceu, essa diferença de nível que deve ser mantida abaixo de um valor e dependente do tipo de solo local, não foi respeitada e houve um colapso da obra, chegando-se ao extremo de um carrinho de mão que estava do lado externo da escavação ir terminar dentro do buraco em escavação.

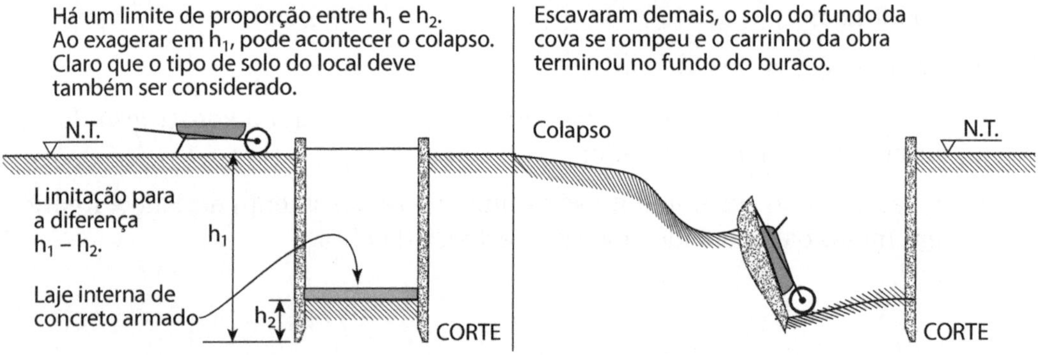

Portanto, pensando em usar essa solução:

- tenha a assessoria de um especialista de fundações;
- leve em consideração as características do solo;
- cuidado com a relação h_1 e h_2;
- verifique o nível do lençol freático.

Uma relação h_1/h_2 muito alta pode levar a um colapso do solo, já dentro da escavação.

33.4 Da sondagem a percussão à sondagem rotativa: o conceito de matacão

Às vezes, durante uma sondagem a percussão, encontramos um material muito duro e onde não se pode avançar com essa sondagem. O solo encontrado pode ser uma alteração de rocha ou matacões, ou mesmo rocha. Nesse caso, para sondar o terreno, temos de usar um tipo mais sofisticado e caro que a sondagem a percussão e que se chama sondagem rotativa que corta o material duro que encontra.

Atenção para a expressão “matacão”. Pedras com comprimento igual ou maior que 50 cm recebem essa denominação.

Precisando especificar ou executar uma sondagem rotativa consultar o site do Departamento Estadual de Infraestrutura, do governo do Estado de Santa Catarina: <www.deinfra.sc.gov.br>, norma IN – 07/94.

Consultar, também, o site da Associação Brasileira de Geologia da Engenharia (ABGE), onde consta o trabalho: “Glossário de termos de geologia de Engenharia. Equipamentos de sondagens”.

33.5 A infiltração de água e o tempo

Tempo para encher a vala de sapatas

Em uma obra muito espalhada e onde, por economia, se desejava usar fundações diretas por sapatas, o engenheiro da obra mandava abrir poços de inspeção para saber do nível da água do lençol freático. Se a água do lençol freático entrasse no poço, o uso de sapatas seria inviável, pensava ele. Aí o mestre de obra ponderou:

> Neste trecho de solo, se fizermos um rebaixamento de lençol com bomba e usando concreto de pega rápida com cimento ARI, que não custa muito mais caro que o cimento comum, passados uns oito dias da concretagem das sapatas, ainda a vala estará seca e depois de oito dias paramos o rebaixamento de lençol freático e a resistência do concreto já está boa e a água na vala não preocupa mais.

Assim foi feito.

33.6 Um garoto impede o *piping* em uma barragem de terra e a salva

Contam esta história que, pelo relato de quem contou a este autor, é verdadeira e ensina lições.

> Em um país europeu, uma cidade dependia, para seu abastecimento, de água de uma barragem de terra que reservava essa água. Essa barragem também protegia de inundações várias áreas baixas da cidade. A barragem situava-se à montante do rio que cruzava a cidade. Falemos da barragem. Era de maciço de terra devidamente (?????) compactado e com um sistema interno de drenagem, usando algumas camadas de areia. Essa drenagem retinha a água de infiltração que toda barragem de terra represando água tem. Um dia, um grupo de jovens, ao passear junto à barragem de terra que tinha uns oito metros de altura, notou que

o talude externo estava úmido, sendo proveniente, essa umidade, de um olho de água no meio da altura do maciço terroso. Um jovem, que entendia algo do assunto, se assustou e, face a isso, tomou duas providências e nessa ordem:

- pediu que seus amigos dessem com urgência, junto à administração do sistema, o aviso de alarme;
- enquanto o socorro não vinha, o jovem colocou o seu dedo no olho de água e parou a saída do líquido que se não contido, por erosão hidráulica, poderia vir a corroer todo o maciço e, com isso, danificar por completo a barragem.

Depois de uns 30 minutos, o pessoal da administração do sistema chegou e tomou a atitude correta. A barragem tinha um sistema de emergência de descarregamento de água por comportas inferiores, e elas foram abertas e rapidamente diminuiu o nível de água represada abaixo do ponto de saída incorreta.

Análise do caso: nessa história, tinha acontecido na barragem de terra o sempre temido *piping** que é um caminho preferencial (e indesejado) em face, possivelmente, de uma falha de compactação do solo, criando esse caminho preferencial que começa com pouca importância, mas que, graças à erosão hidráulica, pode progressivamente corroer todo o maciço terroso.

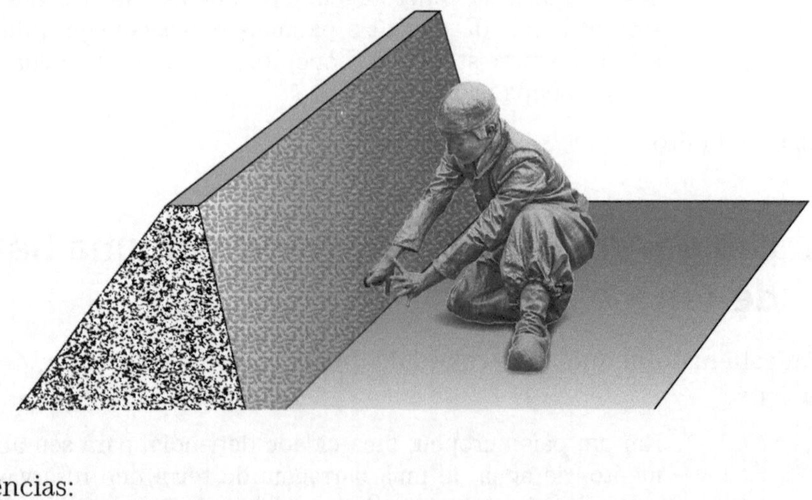

Providências:

- o trecho com problemas do maciço terroso foi recomposto em camadas usando como dispositivo de fiscalização de controle da umidade, procurando trabalhar o solo com umidade próxima da ideal (e que gera camadas como maior peso específico) o ensaio de Proctor;

* *Piping* – surgimento de uma via preferencial (indesejável e terrível) de passagem de água.

- fizeram, na cidade, uma estátua com um jovem colocando o dedo no corpo de uma barragem. Foi a homenagem ao belo gesto do jovem. Essa estátua existe até hoje. Acredite quem quiser...

33.7 Argila, personagem predominante

Dois alunos, que estavam fazendo um curso de Mecânica dos Solos, na ida à escola passavam por um terreno baldio onde tinha sido feito um movimento de terras e onde a máquina escavadeira dentada deixara no talude os sinais de seus dentes poderosos. E fazia alguns meses que o movimento de terra tinha acontecido e as marcas continuavam. Aí um dos alunos falou ao colega:

> — Esse terreno deve ser argiloso, muito argiloso, pois conserva, plasticamente, as marcas no solo dos dentes da máquina.

O outro colega que tinha lido um livro sobre *Mecânica dos Solos para Engenheiros Rodoviários* respondeu:

> — Nem sempre, nem sempre. Li um livro que diz:
>
> "A natureza da fração argila é tal que a presença de quantidades mesmo relativamente pequenas dessa fração têm efeito marcante nas propriedades de solo que a contém. Assim, solos que contêm uma alta proporção de partículas arenosas (70% a 80%) têm propriedades coesivas e plásticas apreciáveis se tiverem presentes pequenas quantidades mesmo da ordem de 10% de argila, enquanto que o solo precisa possuir apenas 40% a 50% de partículas da dimensão da argila para possuir todas as propriedades da argila no sentido generalizadamente aceito" (p. 31).

O jovem concluiu: apesar de o talude do terreno guardar as marcas plásticas da escavação, portanto, indicando poder ser altamente argiloso, existe a possibilidade de o solo ser classificado como arenoargiloso.

Agora, escreve este autor:

No caso do local de doma de cavalos aqui exposto, enfatizou-se o uso como piso de areia pura, pois, assim, as características de um solo estritamente arenoso se impõem. Se fosse uma mistura de 90% de solo arenoso com 10% de solo argiloso, correríamos o risco de ter um piso ainda duro com todas as consequências para torções das pernas dos cavalos em processo de doma.

33.8 Explicando o misterioso fenômeno das "areias movediças"

Fenômeno aterrorizante, pelos filmes de cinema, o fenômeno "areia movediça" não deve assustar ninguém. Ocorre a "areia movediça" quando existe um fluxo de água contra a gravidade das areias e, com isso, as areias começam a funcionar como um líquido espesso. Ninguém afunda em "areias movediças" e é fácil sair delas, mesmo porque o corpo só penetra pela metade nessas areias. Casos de morte só acontecem se a pessoa for muito nervosa e se atrapalhar em tudo, mas pessoas assim também morrem em corpos de água, com água pela barriga.

Olhando-se um lago com areias movediças o observador vê, com extrema clareza, a areia do fundo subindo e descendo como em um belo turbilhão de pequenos grãos que, em face da refração, resultam em incontáveis pontos multicoloridos.

Areia engulideira ou areia gulosa são denominações regionais brasileiras para a "areia movediça".

Dois locais turísticos com areia movediça e sempre ao lado de um lago ou represamento de rios: Brotas (SP) e Bonito (MS).

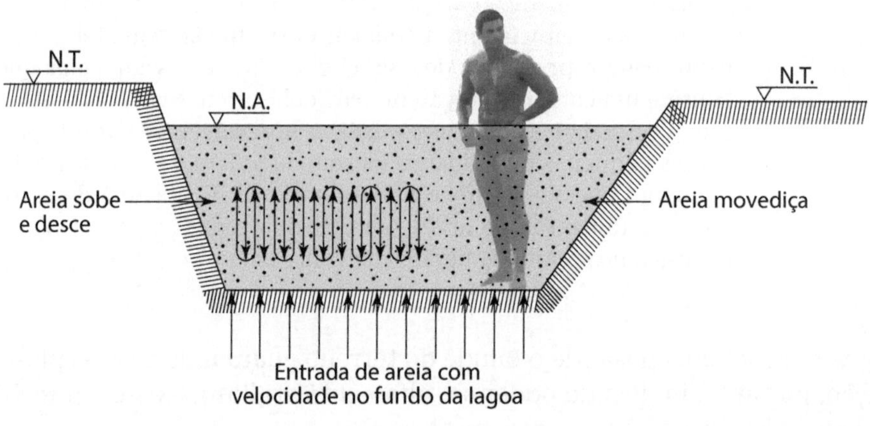

33.9 Solo argiloso fossilizado guarda pegadas de dinossauros carnívoros em Souza, PB

Obras de argila com mais de 150 milhões de anos e ainda existentes. No município de Souza, Paraíba, existe uma região argilosa que guarda pegadas de 5 cm até 40 cm de comprimento de mais de oitenta tipos de dinossauros carnívoros.

Tudo isso é possível pelo fato de o solo ser argiloso e ter sofrido um processo de fossilização por mais de 150 milhões de anos.

O local é protegido por lei e pode ser visitado. Chama-se "Vale dos Dinossauros". O local dista cerca de 420 quilômetros de João Pessoa.

Espinossauro medindo, em média, 15 m de comprimento.

Pegadas de dinossauro carnívoro encontradas na Paraíba, medindo de 5 cm a 40 cm de comprimento.

Anote, comente, desenhe...

34 Entendendo as funções das normas técnicas: obrigatoriedade de uso

As normas técnicas são documentos produzidos por equipe de engenheiros, professores, firmas relacionadas, fabricantes ligados ao assunto, e sintetizam, no final dos trabalhos, o melhor que se sabe sobre um assunto tecnológico, com recomendações e indicação de cuidados de uso.

No exterior, dezenas de entidades produzem normas técnicas – entidades ligadas, ou não, ao governo. São exemplos de entidades:

1. Ligadas aos governos ou oficiais:

- Alemanha – Deutsches Institut für Normung e.V. (DIN)
- Estados Unidos – American National Standards Institute (ANSI)
- Portugal – Instituto Português da Qualidade (IPQ)
- Inglaterra – British Standards (BS)
- ISO – Normas resultantes de acordos internacionais. ISO significa International Standard Organization

2. Não ligadas ao governo:

- Brasil – Associação Brasileira de Normas Técnicas (ABNT)
- Estados Unidos – American Petroleum Institute (API)
- Estados Unidos – American Society of Mechanical Engineer (ASME)
- E muitas outras.

As normas podem variar de país para país? Sim. Na norma de projetos estruturais do Chile há uma minuciosa indicação da necessidade de dispositivos estruturais que minimizam os efeitos de terremotos, pois o Chile é um país sísmico.

A entidade mais conhecida e respeitada do Brasil, que produz normas técnicas, é a Associação Brasileira de Normas Técnicas – ABNT (www.abnt.com.br), entidade particular que é praticamente a única no Brasil. Tem muita credibilidade.

Notas

1– Recentemente, surgiram, com apoio da ABNT, as normas do Mercosul.

Quando a ABNT emite uma norma, ela a registra no Inmetro – entidade oficial brasileira – ganhando a sigla NBR (Norma Brasileira Registrada).

Por força da Lei Federal nº 8.078, as normas da ABNT são de seguimento obrigatório no caso (muito comum) de não existir uma norma oficial.

No assunto de construção de estradas federais, o Departamento Nacional de Infraestrutura de Transportes (DNIT) tem suas normas. Portanto, dentro do assunto estradas federais, as normas que imperam são as normas DNIT e não as normas ABNT, a menos que essas normas ABNT sejam prescritas no contrato de execução.

A Lei Federal nº 8.078 – Código de defesa do consumidor – em sua Seção IV (Das Práticas Abusivas), apresenta os seguintes artigos:

> Art. 39. É vedado ao fornecedor de produtos ou serviços, dentre outras práticas abusivas: (Redação dada pela Lei nº 8.884, de 11 jun. 1994):
>
> VIII – colocar, no mercado de consumo, qualquer produto ou serviço em desacordo com as normas expedidas pelos órgãos oficiais competentes ou, se normas específicas não existirem, pela Associação Brasileira de Normas Técnicas ou outra entidade credenciada pelo Conselho.

2– Outros exemplos de existência de normas oficiais e que, portanto, nesse caso as normas da ABNT não são obrigatórias, são os códigos municipais de obras, sejam obras do governo municipal, sejam obras privadas.

35 Lista de normas da ABNT para o mundo da Mecânica dos Solos e Engenharia de Fundações e posturas legais

Por hierarquia didática, neste trabalho, consulte as normas na ordem a seguir, e as normas citadas no próprio texto dessas normas (ver: <www.abntcatalogo.com.br>).

NBR 5629:2006 Execução de tirantes ancorados no terreno.

NBR 5681:2015 Controle tecnológico da execução de aterros em obras de edificações.

NBR 6120:1980 Cargas para cálculo de estruturas de edificações.

NBR 6122:2010 Projeto e execução de fundações.

NBR 6457:2016 Amostra de solo: preparação para ensaios de compactação e ensaio de caracterização.

NBR 6459:2016 Limite de Liquidez.

NBR 6484:2001 Solo: sondagens de simples reconhecimento com SPT:* método de ensaio.

NBR 6489:1984 Prova de carga direta no terreno da fundação.

NBR 6497:1983 Levantamento geotécnico.

NBR 6502:1995 Rochas e solos.

NBR 7180:2016 Limite de plasticidade.

NBR 7181:1984 Solo: análise granulométrica.

NBR 7182:1986 Ensaio de Proctor.

* O rei dos ensaios.

NBR 7678:1983	Segurança na execução de obras e serviços de construção.
NBR 8036:1983	Programação de sondagens de simples reconhecimento dos solos para fundações de edifícios.
NBR 8044:1983	Projeto geotécnico.
NBR 9603:2015	Sondagem a trado: procedimento.
NBR 9604:2016	Abertura de poço e trincheira de inspeção em solo com retirada de amostra indeformada.
NBR 9820:1997	Coleta de amostras indeformadas de solos em furos de sondagem: procedimento.
NBR 9895:1987	Índice de Suporte Califórnia.
NBR 11682:2009	Estabilidade de taludes.
NBR 12131:2006	Estacas: prova de carga estática.
NBR 13208:2007	Estacas: ensaio de carregamento dinâmico.
NBR 13441:1995	Rochas e solos: simbologia.

Além dessas normas, consulte a Portaria nº 3.214 do Ministério do Trabalho que regulamenta as condições e meio ambiente de trabalho na indústria da construção.

36 Folha de resumo de construções

Para dar uma visão inicial panorâmica e crítica dos tipos de obras e seus relacionamentos com o solo em que se apoiam ou usam, apresentamos o quadro a seguir.

Usos/aspectos	Solo arenoso	Solo siltoso	Solo argiloso
	É ideal. Dificuldades para manter as escavações das paredes laterais.	*Idem* solo arenoso.	É usual, com problemas admissíveis de recalques; há facilidade de escavação das paredes.
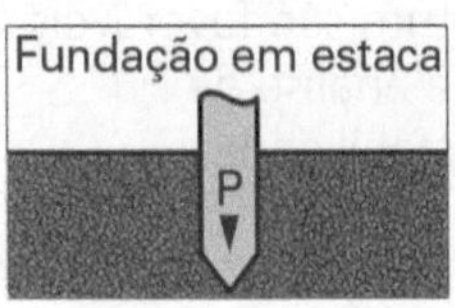	Dificuldades de cravação face ao atrito lateral. Em terrenos arenosos molhados a cravação se faz a ar comprimido.	É usual, tirando partido do atrito lateral e da reação de ponta para absorver a carga transmitida.	É usual com a estaca atingindo maiores profundidades de cravação; às vezes ocorre aparecimento do atrito negativo.
	Não se recomenda devido à falta de coesão.	Há necessidade de se conhecer: coesão e ângulo de atrito. A altura de corte é menor que para as argilas.	Possível devido à coesão.

Usos/aspectos	Solo arenoso	Solo siltoso	Solo argiloso
	Esforços são maiores; há necessidade de escoramento contínuo.	*Idem* solo arenoso.	Esforços são menores, com escoamentos bem espaçados (escoramentos descontínuos).
	Os recalques nos solos arenosos são imediatos	Intermediário entre areia e argila.	Os recalques são extremamente lentos. O terreno pode levar anos até estabilizar.
	Há adensamento se houver perda de água. A compactação se faz com vibração.	Há adensamento se houver perda de água. A compactação se faz com percussão ou com rolos (pé de carneiro).	Há adensamento se houver perda de água. A compactação se faz com percussão e com rolos.
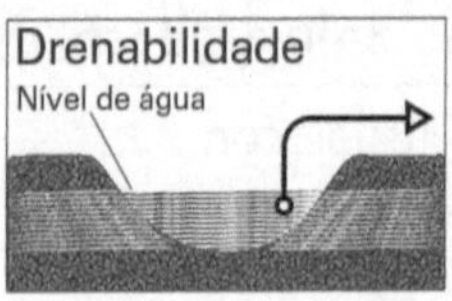	É fácil, mas cuidado com a instabilidade das paredes, ruptura do fundo etc.	Aceita a passagem de água, mas necessita de uma verificação *in situ* dos parâmetros geotécnicos (coesão, ângulo de atrito etc.).	A alta impermeabilidade dificulta a drenagem.
	Não se recomenda por ser solo permeável sem coesão, taludes são instáveis; há fluxo intenso pelo barramento.	É utilizável com maior coeficiente de segurança; pouca coesão; taludes mais abatidos etc.	É recomendável por ser impermeável; coesão e ângulo de atrito são favoráveis na análise de estabilidade.

37 Conversão de unidades de medida mais usadas na Mecânica dos Solos e na Engenharia de Fundações

As conversões a seguir são as mais utilizadas na Mecânica dos Solos e na Engenharia de Fundações.

1 k (quilo) = 1.000

1 M (mega) = 1.000.000 = 10^6

1 G (giga) = 1.000.000.000 = 10^9

1 Pa = 1 N/m^2

1 kgf é o peso de 1 kg massa

1 N (newton) = 0,1 kgf (aproximadamente)

1 kN = 100 kgf (aproximadamente)

1 kPa = 1 kN/m^2

1 MPa = 10 kgf/cm^2

1 t (tonelada) = 1.000 kgf = 10.000 N (aproximadamente)

1 kgf/cm^2 = 10 t/m^2

1 t /m^2 = 0,1 kgf/cm^2

1 pé = 30,5 cm = 0,305 m

1 t = 10^3 kgf = 10^6 g

1 L = 1 dm^3 = 10^3 cm^3

1 polegada = 2,54 cm

1 g/cm^3 = 1.000 g/1.000 cm^3 = 1 kgf/L

Observação: Os símbolos (′) minutos e (″) segundos devem ser usados apenas como medidas lineares do sistema inglês. Para indicação de horas usaremos h, min e s. Assim: a espessura desta chapa é de 2,5" (duas e meia polegadas); a hora da saída é 16h35min30s.

Notas

1 – Relembremos: 10 N equivalem a aproximadamente 1 kgf.

2 – Para evitar confusões, para o símbolo da medida volumétrica litro, usar "L" e não "l".

3 – Na simbologia anglo-saxônica de unidades, o valor de um milhão, trezentos e trinta e quatro mil e quatorze é 1,334,014 e no sistema métrico que usamos é 1.334.014.

4 – No mundo latino, 1 bilhão é o produto milhão por mil. No mundo saxônico 1 bilhão é o resultado da multiplicação de um milhão por um milhão. Usemos para evitar confusão a notação científica. Se ganhei na loteria 2 milhões de reais, isso é:

milhão = 10^6

bilhão = 10^{12}.

Ganhei, portanto, R$2,00 · 10^6.

PARTE II

APLICAÇÕES PRÁTICAS

Nota. Repetimos e repetimos conceitos, pois o objetivo deste livro é apresentar e fixar com clareza esses conceitos.

O autor.

38 *In hoc signo vinces*: com estas folhas você entenderá o texto com maior facilidade*

Convenções

τ – Tensão de cisalhamento do solo

σ – Tensão de compressão do solo

φ – Ângulo de atrito interno do solo

γ – Peso específico do solo (kgf/m^3)

α – Ângulo qualquer do solo (graus)

C – Coesão de solos argilosos

As páginas deste capítulo relembram assuntos importantes e muito recorrentes. Deixamos adicionalmente folhas em branco para suas anotações pessoais. Recomenda-se tirar um cópias deste capítulo e ir lendo o restante do livro com essas cópias com a frase ***In hoc signo vinces***, que significa:

com este símbolo vencerás

ou, adaptado a este livro:

com esta(s) folha(s) você entenderá o texto com maior facilidade.

Boa leitura!

* Tradução livre do latim.

Nota 1

Tabela 1 – Peso das terras por m³ e seu talude natural						
Designação	Terrenos secos		Terrenos úmidos		Terrenos muito úmidos	
	Peso do m³ em kg	Ângulos de talude φ	Peso do m³ em kg	Ângulos de talude φ	Peso do m³ em kg	Ângulos de talude φ
Areia grossa	1300 - 1500	30° - 35°	1400 - 1600	30° - 35°	1500 - 1700	25° - 30°
Areia fina	1300 - 1500	25° - 30°	1450 - 1600	30° - 40°	1500 - 1000	20° - 30°
Areia muito fina	1300 - 1500	20° - 30°	1450 - 1600	25° - 35°	1500 - 1800	15° - 25°
Areia argilosa	1400 - 1600	30° - 40°	1500 - 1700	30° - 40°	1600 - 1800	15° - 25°
Terra vegetal	1400 - 1600	35° - 45°	1500 - 1700	30° - 40°	1600 - 1800	20° - 30°
Argila	1500 - 1700	40° - 50°	1500 - 1800	30° - 40°	1650 - 1900	15° - 25°
Cascalho	1300 - 1500	35° - 45°	1350 - 1600	30° - 40°	1450 - 1700	25° - 35°
Terra vegetal com areia e pequenas pedras	1600 - 1800	45° - 55°	1700 - 1900	35° - 45°	1800 - 2000	25° - 35°

Fonte: GUIMARÃES, A. *Empuxo de terras e muros de arrimo*. 3. ed. Rio de Janeiro: Editora Científica, 1956. p. 171.

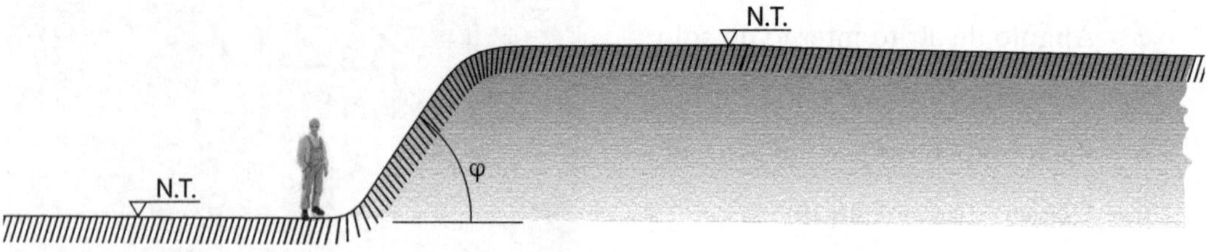

CORTE φ - ângulo do talude natural

Nota 2

Tabela de evolução do volume de solos se em estado natural, solto (depois de retirado do solo) e compactado:

Tabela 2 – Volume do solo (em m³)			
Tipo de solo	**No local (1)**	**Solto (2)**	**Compactado (3)**
Areia no local	1,00	1,11	0,95
Terra comum	1,00	1,25	0,90
Argila	1,00	1,43	0,90

Fonte: DELLA NINA, E. *Construção de redes urbanas de esgoto*. Rio de Janeiro: Ao Livro Técnico, 1966. p. 37.

Observando-se a segunda e terceira colunas, vemos que o solo, quando retirado da natureza, cresce de volume e esse crescimento é chamado de “empolamento”.

Nota 3

Gráficos dos resultados dos ensaios de cisalhamento (corte) – ensaio direto ou ensaio triaxial:

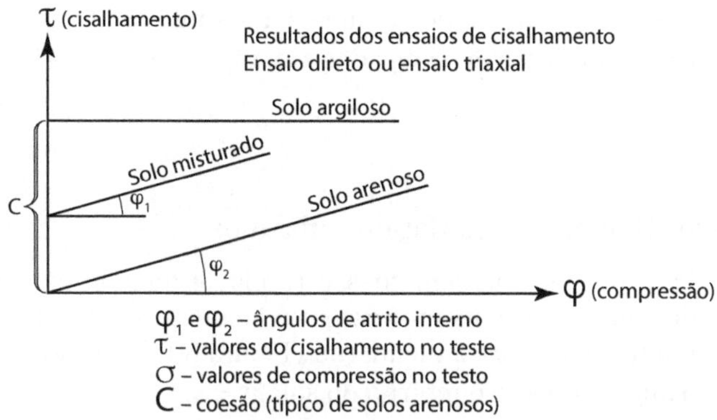

Nota 4

Tabela 3		
Solo	**$\varphi°$**	**C (kg/cm²)**
Areia	35 a 37	0
Silte	30 a 35	0,1 a 0,3
Argila arenosa	26 a 30	0,2 a 0,5
Argila	16 a 28	Argilas recentes 0,05 a 5
Argila orgânica	12 a 18	Argila antiga 10

Tabela 4		
Solo	**γ (kg/m³)**	**$\varphi°$**
Aterro com solo orgânico	1.700	25°
Aterro com pedras e areia	1.800	45°
Areia seca	1.600	30°
Areia úmida	1.800	40°
Argila seca	1.600	40°
Argila úmida	2.000	20°
Cascalho fino	1.400	35°

Fonte: MORAES, M. C. *Concreto armado*. São Paulo: McGraw-Hill, 1982. p. 401.

Nota 5

Ainda no livro do professor Moraes (fonte da Tabela 4):

> Ângulo de talude natural e ângulo de atrito interno [...] A assimilação do ângulo de talude natural como sendo igual ao ângulo de atrito interno tem sido objeto de observação por parte de especialistas em Mecânica dos Solos concluindo-se que esta assimilação é favorável à determinação dos valores máximos dos empuxos ativos (p. 410-411).

Nota 6

O livro do professor Homero Pinto Caputo* diz que:

> Para um terreno sem coesão (areia) e quando não existam correntes de água que originem pressões adicionais, a condição de estabilidade é muito simples. Sua inclinação (Figura 80) deve ser igual ou menor que o ângulo de atrito interno do solo, $i < \varphi$.

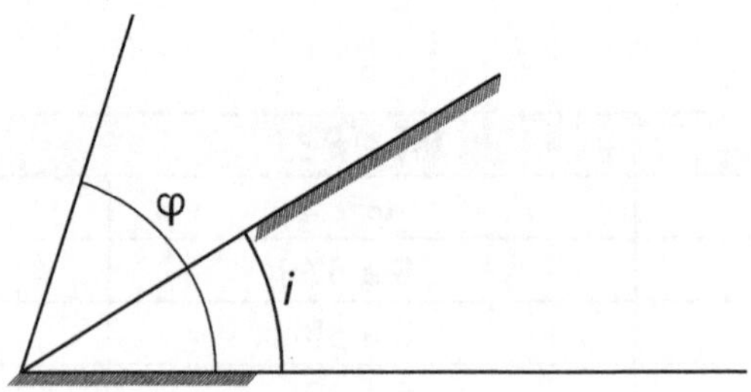

> No caso de solos coesivos, ao contrário, o talude pode ser estável mesmo que a condição acima não seja satisfeita. No desenho a seguir, indicamos como eles se deformam quando sujeitos apenas ao seu peso próprio.

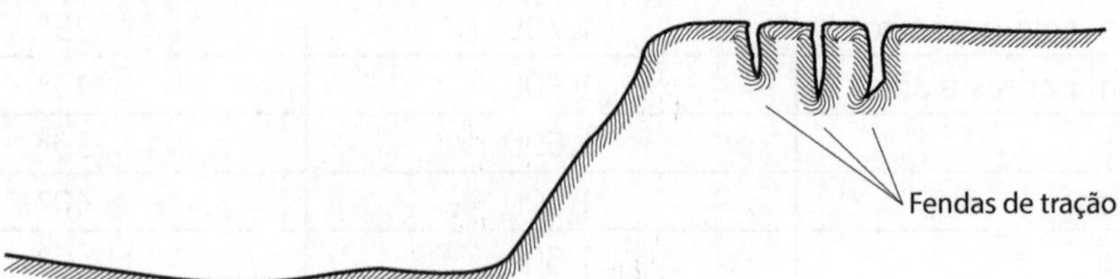

* CAPUTO, H. P. *Mecânica dos solos para uso de engenheiros rodoviários*. Rio de Janeiro: Rodovia, 1957. p. 196-197.

Nota 7 – Ensaio de cisalhamento triaxial

De acordo com Costa Nunes, "este ensaio corresponde teoricamente à maneira mais perfeita para a determinação ao cisalhamento de solos" (p. 55).

Nota 8

A famosa apostila de São Carlos, dos professores Victor Mello e Alberto Henriques Teixeira, tem a melhor explicação didática sobre o empuxo em repouso. Vamos respeitosamente ao seu texto:

> O empuxo em repouso, isto é, o empuxo sobre um muro de arrimo indeslocável, depende do tipo de solo e da maneira com que este é depositado para formar o terrapleno. As tensões dependem das deformações provocadas nos elementos do solo quer pelos processos de lançamento e compactação, quer pelas sobrecargas das camadas sobrejacentes. Os empuxos em repouso podem ocorrer, por exemplo, em muros de arrimo de porões de edifícios que podem ser considerados geralmente como indeslocáveis ou ainda em caixas enterradas dotadas de paredes rígidas.
>
> Não se conhecendo as magnitudes das forças de equilíbrio em jogo o empuxo em repouso é estaticamente indeterminado e só pode ser determinado experimentalmente: qualquer valor é admissível na gama $E_A < E_R < E_P$ dependendo das deformações horizontais dos elementos do solo, independente da translação do tardoz

Nota 9 – Pressão neutra (p_n)

Pressão neutra no ponto A:

$$pn_A = h_1 + h_2$$

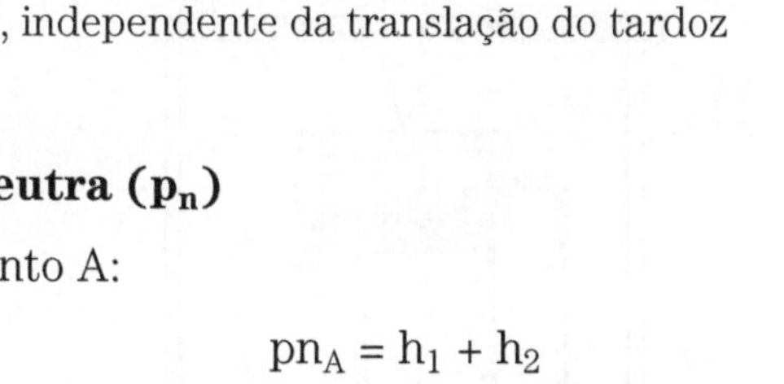

Nota 10

Comparação visual dos testes de cisalhamento dos solos: ensaio direto e ensaio triaxial.

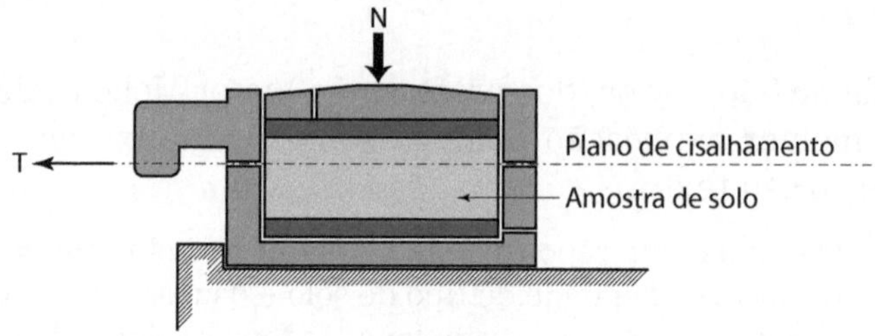

Ensaio direto de cisalhamento.

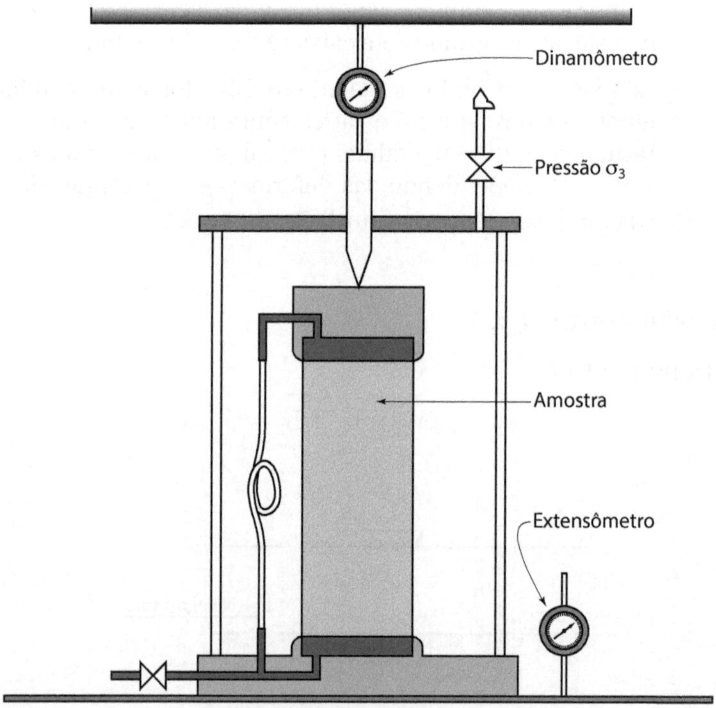

Ensaio triaxial de cisalhamento.

Concluímos que o ensaio triaxial dá resultados mais confiáveis, pois é mais apurado que o ensaio direto.

39 Tipos de empuxo: empuxo ativo, empuxo em repouso e empuxo passivo, que, do ponto de vista didático, deveria se chamar empuxo reativo

Pela importância, apresentamos
outra vez este assunto.

No relacionamento com taludes de terra existem três tipos de empuxo. A saber:

a. empuxo ativo;

b. empuxo em repouso;

c. empuxo passivo (que do ponto de vista didático deveria se chamar empuxo reativo).

Exemplos de situações:

a. Empuxo ativo

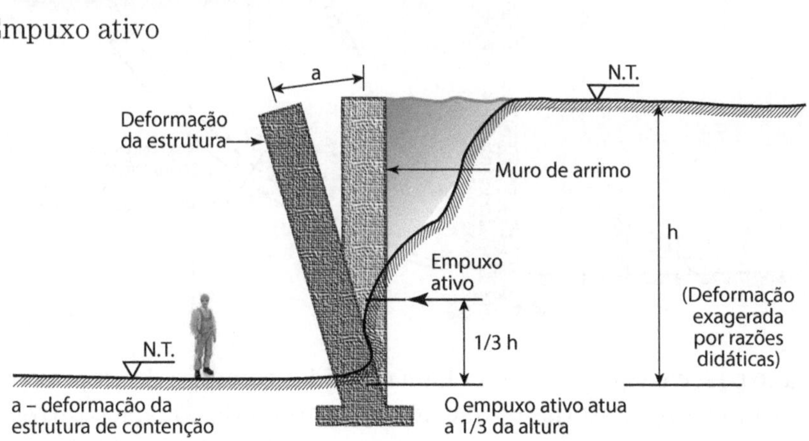

Muro de arrimo para tentar – eu disse tentar – conter o desbarrancamento do maciço terroso face à atuação do empuxo ativo. Imagina-se que a estrutura do muro de arrimo seja deformável como a maioria das estruturas. O valor do empuxo ativo, graças à deformabilidade do muro, é o menor em módulo dos três tipos de empuxo.

b. Empuxo em repouso

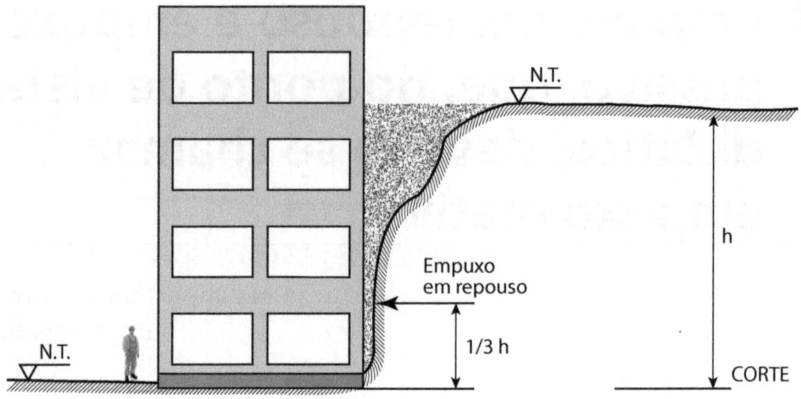

Podemos considerar a estrutura do prédio face a seu grande volume como indeformável. Se a estrutura resistente do prédio é indeformável (hipótese), acontece sobre ela, causado pelo maciço terroso, o empuxo em repouso, que é maior em módulo que o empuxo ativo.

c. Empuxo passivo

Passemos agora ao estudo do empuxo passivo (empuxo reativo).

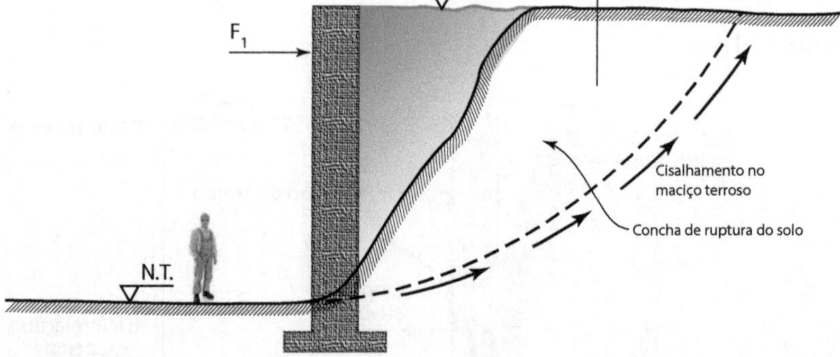

O empuxo passivo (que pode ser chamado didaticamente de empuxo reativo) é uma reação a uma força externa F_1 que atua comprimindo o maciço terroso. Se não existir F_1 não há empuxo passivo, ou seja, o empuxo passivo é nulo. Acontecendo a força F_1, a sua reação (empuxo passivo) é igual em módulo e em sentido contrário (a velha lei da ação e reação do mestre Newton). Se F_1 for de baixo valor, o empuxo passivo será de baixo valor. Vamos agora fazer crescer F_1 para valores maiores, como F_2, F_3, F_4. Haverá um determinado valor de F, digamos F_n, que causará um rompimento do talude via formação de uma concha de deslizamento de terra.

A força E_p que causou o colapso do maciço de terra é o empuxo passivo E_p em toda a sua grandeza. Pela teoria e experimentação, sabemos que o empuxo passivo que chegou à ruptura do maciço terroso é, em módulo, maior que o empuxo em repouso, que por si só é maior em módulo que o empuxo ativo.

Logo, o esquema mostrará tudo isso.

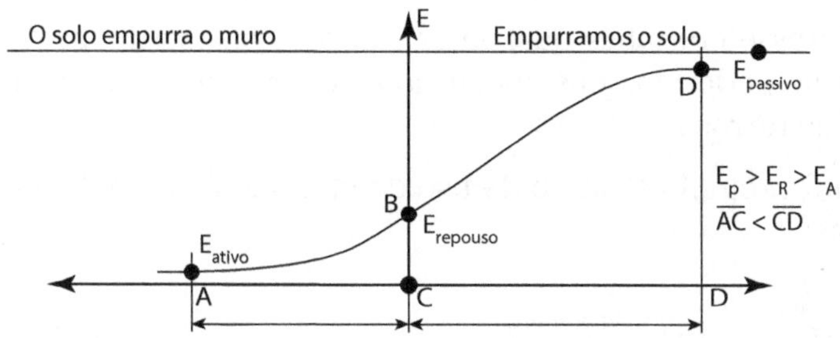

Note que, quando falamos em estimativa do valor (módulo) do empuxo passivo (reativo), estamos nos referindo ao seu maior valor, que é o que causa o colapso terroso. Para uma força F de menor valor ocorre o empuxo passivo com menor valor, mas sem colapso terroso.

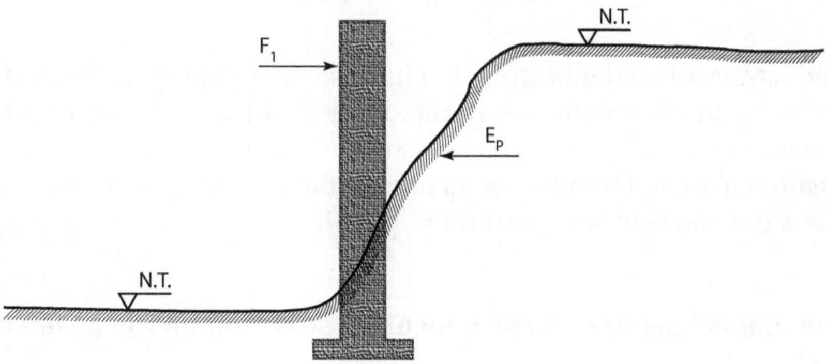

Portanto:

se $F_1 = 0$, $E_{passivo} = 0$;

se F_2 for de pequeno valor, então $E_{passivo}$ será de pequeno valor;

se F_n for de grande valor, então $E_{passivo}$ será de grande valor.

Além disso, existe um valor de F_{n+1} que gera um colapso no terreno, deslocando-o. Trata-se do empuxo passivo de colapso do maciço terroso.

Logo, como força reativa que é (a exemplo do atrito entre duas superfícies que se deslocam uma da outra), o empuxo passivo (não de colapso) só se define quando sabemos o valor de F_n.

Quando abrimos uma vala e a escoramos, apoiamo-nos nas duas faces da escavação e comprimimos o solo nesses dois locais. O que garante a estabilidade do escoramento é a reação à força de compressão, ou seja, é o empuxo passivo.

Temos interesse em saber qual valor causa o colapso do maciço terroso comprimido, a fim de podermos nos apoiar com segurança nesse maciço terroso sem que haja colapso terroso.

Vejamos um exemplo clássico do uso do empuxo passivo dando estabilidade a duas estruturas.

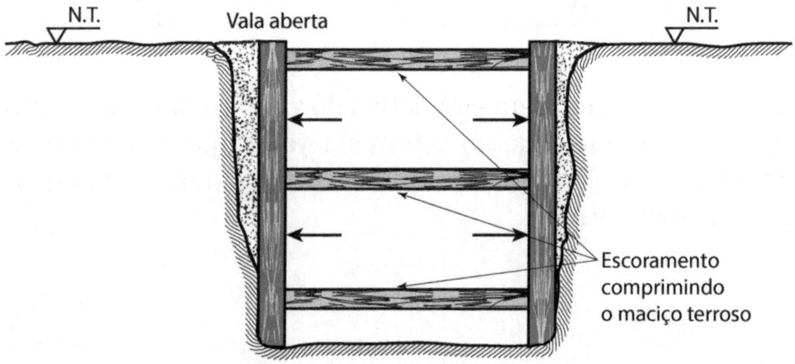

🔊 Atenção, atenção! Na linguagem comum usa-se a expressão "empuxo" para o empuxo ativo, o mais comum dos empuxos, além de ser o empuxo que mais mal nos faz, como os empuxos contra os muros de arrimo. Se errarmos no cálculo do valor do empuxo ativo, um muro de arrimo poderá se romper, levando ao colapso tudo o que o terreno estava suportando.

Exemplos numéricos para fixar conceitos sobre empuxos passivos

Exemplo 1 – Um maciço terroso de extensão L metros está sendo pressionado por uma placa e sobre esta placa de pressão atua uma força total F_1 de 1.9 t/m.

Para saber o valor do empuxo passivo, foi usada uma muito aceita fórmula de Rankine, que resultou o valor de 2,9 t/m, ou seja, esse é o menor valor quando ocorre o colapso do solo formando uma concha de deslocamento.

Pergunta: qual o valor do empuxo passivo que está acontecendo?

Resposta: o empuxo passivo é um empuxo reativo e é igual à força (F_1 = 1,9 t/m). Sendo o valor do empuxo de 1,9 t/m, o valor do empuxo reativo que realmente está atuando é de 1,9 t/m, não ocorrendo um valor que leve ao colapso estrutural, que, como vimos, aplicando a honorável fórmula de Rankine (e acreditando nela!), seu valor é de 2,9 t/m.

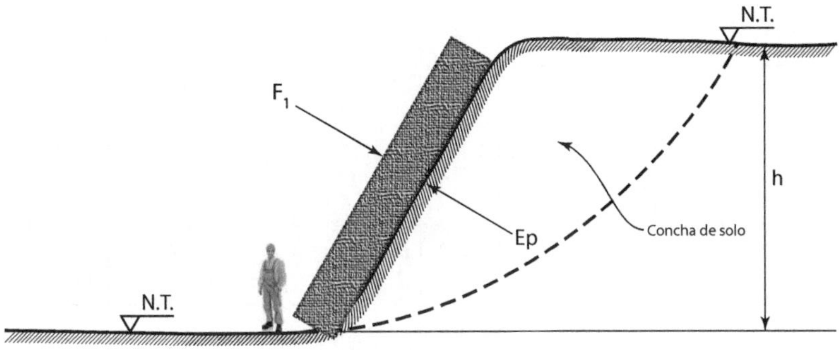

Exemplo 2 – Se a força F_1 é agora de 4,3 t/m, qual o empuxo passivo resultante?

Seja o mesmo maciço do exercício 1, como F_1 é maior que a previsão de início de colapso indicado pela fórmula de Rankine e igual à 2,9 t/m já aconteceu o colapso estrutural, ou seja, surgiu uma superfície de ruptura igual a uma concha que se deslocou para cima. Logo, já estamos dentro de uma situação de colapso estrutural e, portanto, não dá para definirmos o valor do empuxo passivo. A fórmula de Rankine (que detalharemos no item 43.4) só dá a estimativa, e é só uma estimativa, do menor valor que leva ao colapso estrutural, formando a concha de ruptura.

Anote, comente, desenhe...

40 Tipos de muros de arrimo

Na engenharia de solos existem três assuntos sagrados. A saber:

- fundações;
- aterros; e
- muros de arrimo.

Acresça-se a isso obras de terraplenagem. Existem dezenas de tipos de muros de arrimo:*

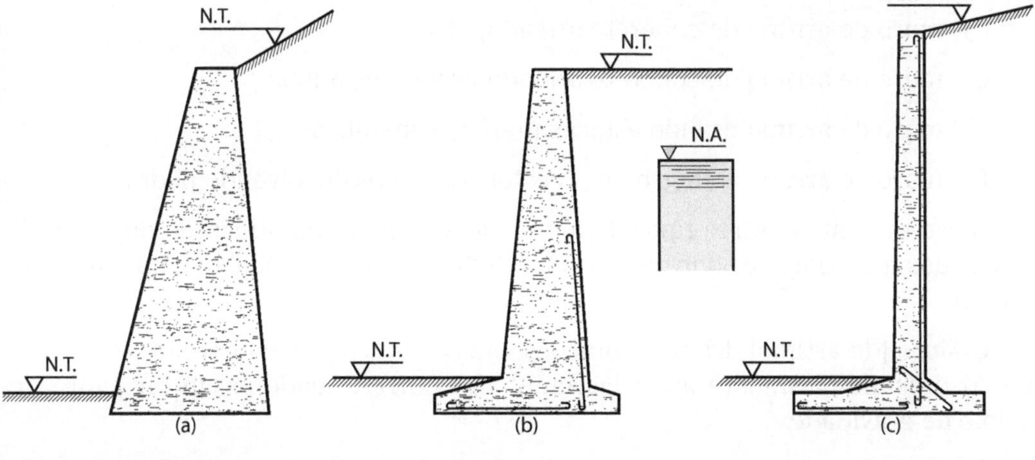

* Fonte dos desenhos: MELLO, V. F. B.; TEIXEIRA, A. H. *Mecânica dos solos*. São Carlos: Escola de Engenharia de São Carlos da Universidade de São Paulo, [s.d.]. (Apostila de aula, n. 72).

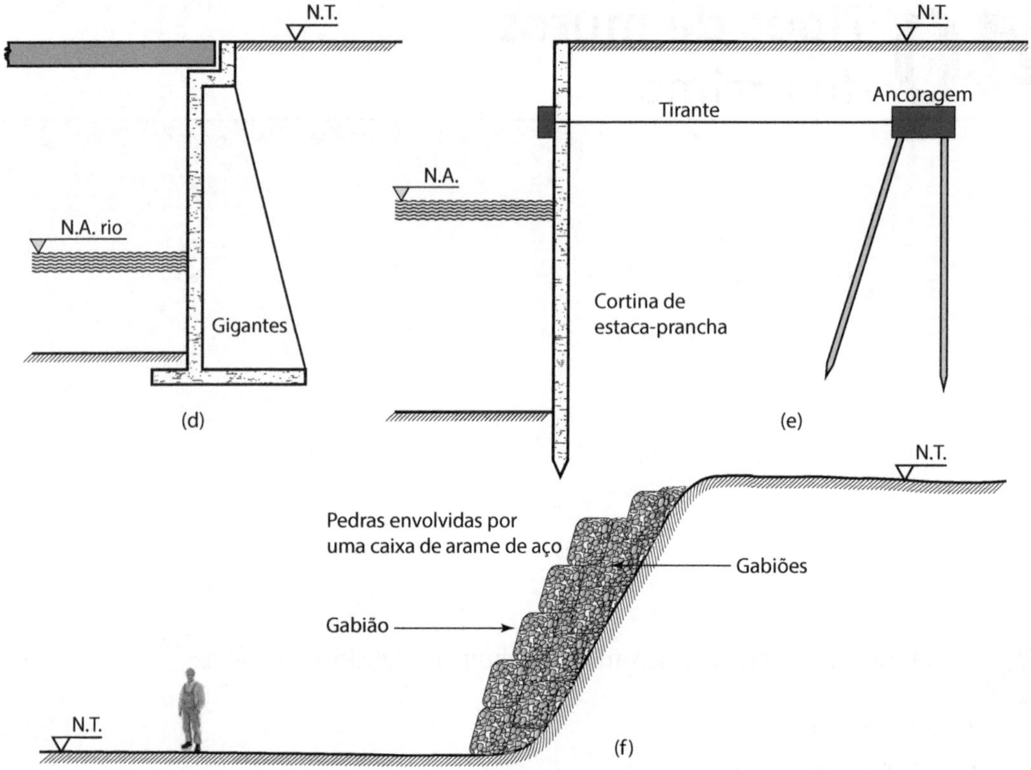

Expliquemos os principais tipos de muro de arrimo:

a) muro de arrimo de gravidade;

b) muro de arrimo composto por uma estrutura de concreto armado;

c) muro de arrimo de concreto armado;

d) muro de arrimo de concreto armado usando gigantes;

e) muro de arrimo usando estacas pranchas metálicas;

f) muro de arrimo com gabiões (cestos metálicos envolvendo pedras).

Existem muitos outros tipos de muros de arrimo, e sua utilização depende da função dos materiais disponíveis e da criatividade do profissional que irá cuidar do assunto.

O Muro [de arrimo] das Lamentações, em Jerusalém, foi construído com enormes pedras simplesmente apoiadas umas nas outras, sendo assim um muro de arrimo de gravidade.

O mais conhecido muro de arrimo da cidade de São Paulo é o da Avenida 23 de Maio, ele foi inteiramente construído de tijolos, que dizem terem chegado de navio.

Falemos agora do ensaio de cisalhamento dos solos.

Como sabemos, o profeta para o estudo de fundações de uma estrutura é o SPT (ensaio de percussão do solo).

Para muros de arrimo, seu profeta é o teste de cisalhamento, que determina o ângulo de atrito interno e a coesão do solo constituinte. No campo da estabilidade de taludes e a eventual necessidade de muros de arrimo, tudo isso será orientado pelos dados que resultam desse ensaio de cisalhamento.

O teste de cisalhamento tem dois caminhos para determinar seu ângulo de atrito interno e a determinação da coesão de solo. Um caminho é o teste direto de cisalhamento; o segundo teste é o triaxial do solo. Esses dois testes determinam:

- o ângulo de atrito interno φ desse solo; e
- a coesão do solo C.

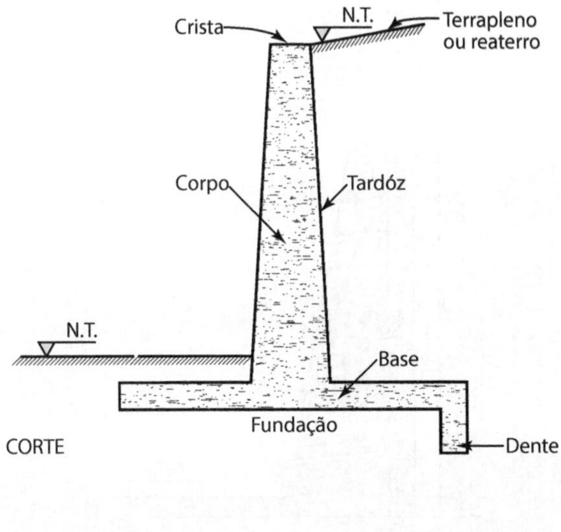

Fundamental para o estudo dos empuxos nos muros de arrimo, essas duas informações (o ângulo de atrito interno e a coesão do solo) orientarão o estudo da estabilidade dos solos, gerando:

- indicação de ângulo de corte de maciços terrosos;
- obras de estabilização, como drenagem; e
- eventual necessidade de construir muros de arrimo para conter esse solo.

Existem dezenas de tipos de muros de arrimo: com estrutura de concreto armado, com pedras argamassadas, com gabiões, solo atirantado etc. Claro que a função do muro de arrimo é conter o empuxo ativo do maciço terroso. O empuxo ativo é calculado de forma independente, ou seja, primeiro se determina o valor e a posição do empuxo ativo e depois se decide:

- vamos proteger esse solo com muro de arrimo? Atenção: muro de arrimo é uma solução cara;
- se decidirmos usar muros de arrimo, qual o tipo? O valor do empuxo ativo independe do tipo de muro de arrimo.

Neste livro não estudaremos o dimensionamento das estruturas resistentes aos empuxos. Isso é função, por exemplo, do estudo de dimensionamento de estruturas de concreto armado, da estrutura de gabiões etc.*

No projeto de muros de arrimo devemos considerar, quanto ao aspecto da entrada de água (aumento da umidade):

- o aumento do peso do solo a ser contido;
- a diminuição da resistência ao cisalhamento do solo.

A drenagem nos muros de arrimo é, pois, sempre recomendada. Uma exceção são os muros de arrimo construídos com gabiões, pois estes têm uma autodrenagem natural e permanente.

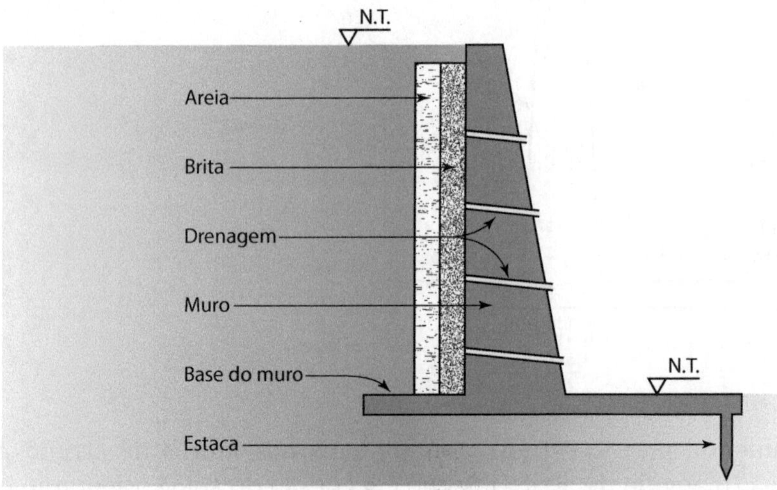

* Os livros que o autor recomenda para o dimensionamento das estruturas dos muros de arrimo são Antonio Moliterno, *Caderno de muros de arrimo* (São Paulo: Blucher, 1994) e Osvaldemar Marchetti, *Muros de arrimo* (São Paulo: Blucher, 1994).

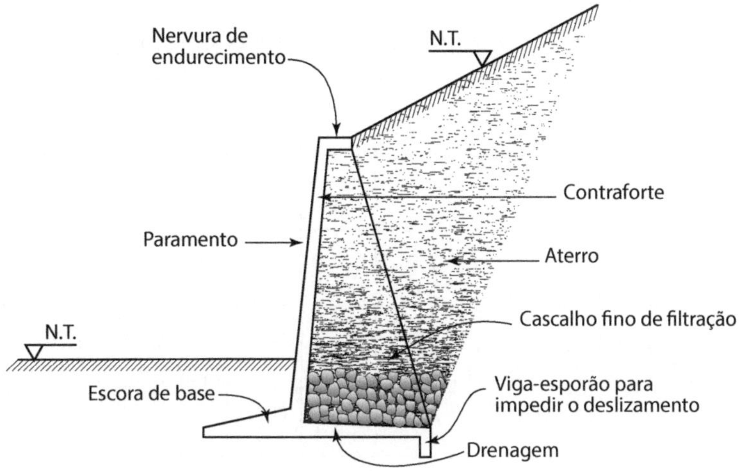

No dimensionamento dos muros de arrimo devemos sempre considerar:

a) o muro de arrimo tem que resistir estruturalmente aos esforços do empuxo ativo;

b) o muro de arrimo não deve tombar face à ação do empuxo ativo;

c) o muro de arrimo não deve ser deslocado horizontalmente, empurrado pelo empuxo ativo;

d) o empuxo ativo atua no muro de arrimo e este transmite esforços ao solo. Logo, o solo tem que ter condições de resistir a esses esforços ou seja um estudo de fundações.

e) como qualquer assunto tecnológico o uso de uma solução de muro de arrimo deve levar em contas o assunto custos. Tecnologia que não fala em custos não é tecnologia e sim ou Física ou Filosofia...*

Nota – Sempre, e sempre, quando se referir ao "empuxo" ele será o empuxo ativo.

* Acredito que nos documentos de Física de Galileu e de Newton – dois gênios da humanidade – nunca se tenha visto a palavra "custos".

Anote, comente, desenhe...

41 Muros de arrimo mais famosos

O muro de arrimo mais famoso do mundo existe em Israel e é um muro de arrimo histórico pois acredita-se que é o único resto do Templo de Salomão e é conhecido como Muro das Lamentações. Composto por pedras, ele não precisa se preocupar com drenagem pois os espaços entre as pedras já funcionam como drenagem.

Na cidade de São Paulo, temos um enorme e belo muro de arrimo na Avenida 23 de maio, feito integralmente de tijolos.

www.saopauloantiga.com.br

Outro muro de arrimo belíssimo em São Paulo é o chamado Muro dos Espanhóis, nome em homenagem à mão de obra que o executou. Infelizmente, esse muro de arrimo está parcialmente escondido, pois foi oculto por residências.

42 A questão do teste de cisalhamento e da determinação do ângulo de atrito interno dos solos

Os principais testes e exames a fornecer subsídios que nos ajudam a projetar muros de arrimo contra empuxos ativos são:

- determinação do peso específico (γ) maciço de solo a conter (kgf/m^3);
- determinação usando o teste de cisalhamento de duas características do maciço de solo a conter, a saber: ângulo de atrito interno (φ); coesão (C).

Veja agora aspectos dos resultados do teste de cisalhamento para amostras de solo totalmente arenoso, outro totalmente argiloso e um solo com mistura de areia e argila.

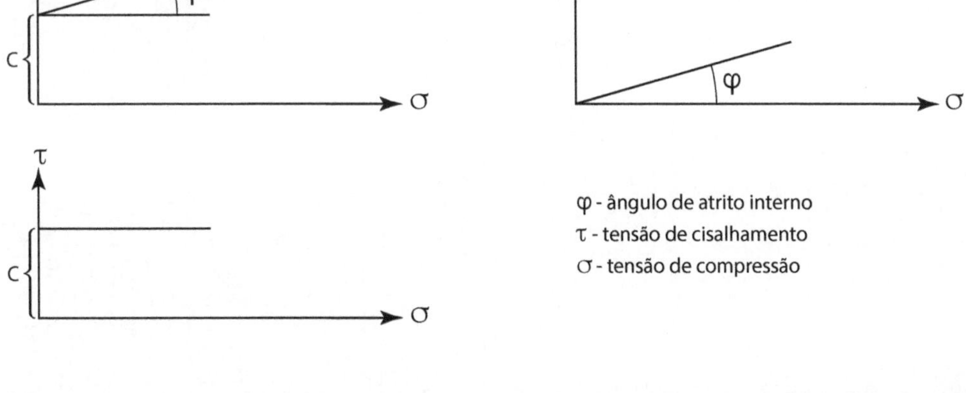

Como sabemos, para determinar o valor da resistência ao cisalhamento de um solo podemos usar:

- teste de cisalhamento direto; ou
- teste de cisalhamento triaxial.

Esses dois testes são explicados na Parte 1 deste livro.

Os resultados do teste de cisalhamento triaxial são mais precisos que os resultados do teste de cisalhamento direto, no entanto são mais caros.

Solo	φ	C (kgf/cm²)
Areia	35 a 37	Zero - (0)
Silte	30 a 35	0,1 a 0,3
Argila arenosa	26 a 30	0,2 a 0,5
Argila	16 a 28	Argilas de deposição recente, moles 0,05 a 0,5
Argila orgânica	12 a 18	Argilas antigas, rijas, até 10

Fonte: COSTA NUNES, A. J. *Curso de mecânica dos solos e fundações*. São Paulo: Editora Globo, 1956. p. 55.

φ – ângulo de atrito interno (em graus)

C – coesão (kgf/cm^3)

Outros valores mostrados no livro *Ao pé do muro* (p. 36):

- Areia – ângulo de atrito interno φ entre 35° e 45°.
- Argila – coesão (C) 800 g/cm^2 e ângulo de atrito interno 15°.
- Argila mole – coesão de 150 g/m^2 e ângulo de atrito interno 0°.

43 Cálculos numéricos de exemplos de empuxo ativo, empuxo em repouso e o misterioso empuxo passivo (que, didaticamente falando, deveria se chamar empuxo reativo)

Repetindo pela importância e por razões didáticas de fixação.

São três os tipos de empuxo na Mecânica dos Solos: empuxo ativo, empuxo em repouso e empuxo passivo.

43.1 Empuxo ativo

Falemos, inicialmente, do empuxo ativo. Como já vimos, o empuxo ativo existe e é impulsionado pela mãe natureza e por uma certa instabilidade natural de todos os maciços terrosos, tudo isso agravado quando o ângulo de inclinação de tal maciço α é grande. Admite-se que a estrutura do muro de arrimo no caso do empuxo ativo se deforme um pouco em razão deste empuxo.

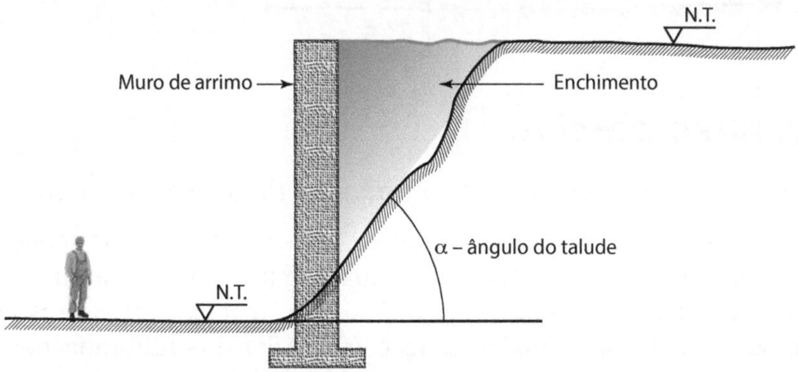

Contra o empuxo ativo só podemos:

- diminuir, por movimento de terra, o ângulo de inclinação α desse maciço terroso, pois quanto menor α, menor a chance de escorregar;
- fazer drenagem*, que diminui o peso do solo e aumenta a resistência ao cisalhamento (escorregamento do maciço terroso);
- fazer muro de contenção chamado muro de arrimo, obra sempre custosa.

43.2 Empuxo em repouso

Falemos do empuxo em repouso.

Esse empuxo só existe se o maciço terroso quer escorregar, mas existe um dispositivo de contenção de enorme resistência e que não se deforma. É o caso típico de maciço terroso subterrâneo, que se apoia, por exemplo, em uma estrutura de prédio com grande rigidez.

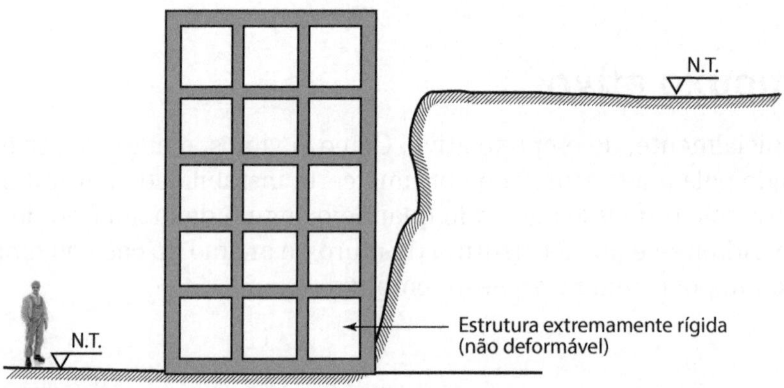

43.3 Empuxo passivo

Falemos finalmente do empuxo passivo (que deveria se chamar empuxo reativo).

O empuxo passivo é um esforço reativo, ou seja, ele apenas reage (coitado) a uma eventual força externa atuante da qual ele não tem culpa ou participação. Se essa força externa, chamemos-na de F, atua, o maciço terroso responde, e se o valor dessa força F for reduzido a ação (força F) é equilibrada pela força de

* Recordemos: existe a drenagem superficial, que procura evitar com canaletas e escadas que a água de chuva penetre no solo. Ver o livro deste autor, *Águas de chuva* (São Paulo: Blucher, 1985). Existe a drenagem subterrânea, com o uso ou de tubos perfurados, ou de outros sistemas de drenagem, e que retiram a água já infiltrada no solo do maciço terroso.

reação (empuxo passivo) e tudo fica em paz. Se a força F cresce de valor, a força de reação (empuxo passivo) também cresce e tudo continua estável. Porém, com o crescimento da força externa F e o crescimento da reação do maciço terroso, a força F pode chegar a um grande valor. O maciço terroso não consegue mais resistir e, então, acontece o colapso, ou seja, surge uma superfície de ruptura e se dá um colapso no maciço terroso.

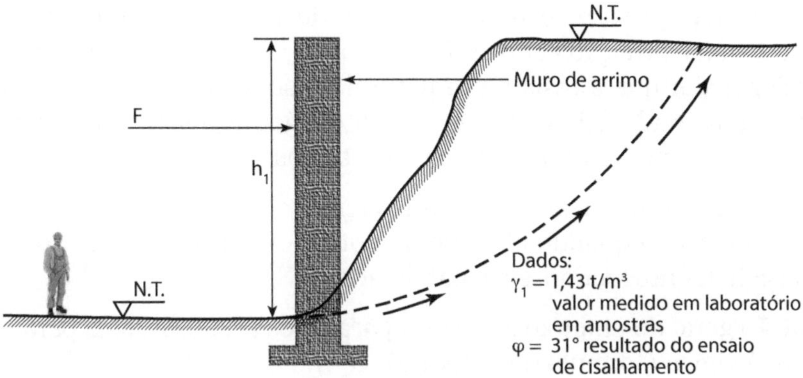

Passemos agora a calcular numericamente esses três empuxos usando equações denominadas de equações de Rankine.

Notar, notar e notar que no caso do empuxo passivo o valor desse empuxo, calculado pela equação de Rankine* ocorre só na situação do colapso estrutural.

43.4 Cálculo do módulo do empuxo ativo pela fórmula de Rankine

Por razões didáticas de comparação usaremos uma única situação de maciço terroso para os três tipos de empuxo, e admitiremos, por questão de segurança, solos arenosos que geram os maiores valores de empuxo.

$$E_A = \frac{1}{2} K_A \gamma_1 (h_1)^2 - \underbrace{h_1 K_A \cdot C}_{\substack{\text{parcela só} \\ \text{existente em} \\ \text{solos argilosos}}}$$

* Existem outras fórmulas e teorias. Foi escolhida a fórmula de Rankine por ser a mais simples e a mais didática.

Nota

É um erro didático mostrar sempre o muro de arrimo quando falamos em empuxo ativo.

O empuxo ativo existe, imposto pela mãe natureza, e, portanto, independe da existência ou não do muro de arrimo.

Quando o maciço terroso tem condições de resistir ao empuxo ativo, nada acontecerá. É uma situação estável. Por exemplo, muitas vezes ocorre o empuxo ativo de valor maior que a resistência natural do solo, gerando desmoronamentos em matas virgens onde o homem ainda não chegou e quando o empuxo ativo é maior que as resistências internas do maciço terroso.

Enfatizamos: o empuxo ativo que um maciço terroso pode resistir, e então não acontecer o colapso, é quando ele é de menor valor e a resistência do solo (resistência ao cisalhamento) garante a estabilidade.

A equação geral do empuxo ativo seja para solos arenosos, seja para solos argilosos, como já vimos (fórmula de Rankine), é:

$$E_A = \frac{1}{2} K_A \gamma_1 (h_1)^2 - \underbrace{h_1 K_A \cdot C}_{\substack{\text{parcela só} \\ \text{existente em} \\ \text{solos argilosos}}}$$

onde: K_A – função da geologia do terreno e
γ_1 – peso específico do solo.

Lembremos: K_A é a função da geologia do terreno, γ_1 é o peso específico do solo e C é a coesão do solo, que a rigor só existe em solos argilosos e não existe em solos arenosos. Em solos arenosos admite-se C = 0.

As recomendações dos doutos livros são:

a) Projetar muros de arrimo comuns sempre admitindo que o solo é arenoso, ou seja, com C = 0. Só em casos de grandes muros de arrimo e sendo o solo garantidamente argiloso (caso um tanto raro) é que calcularemos o empuxo ativo levando em conta a segunda parcela, que corresponde a uma diminuição do valor calculado.

b) Fazer sempre drenagem interna e externa procurando expulsar a água que entrou no maciço terroso e procurando evitar que se infiltre água nesse maciço terroso. Só no caso de uso de gabiões como muros de arrimo é que podemos nos esquecer de drenagem interna, pois os gabiões são autodrenantes.

43.5 Exemplo numérico: cálculo do empuxo ativo

$$K_A = tg^2\left(45 - \frac{\varphi}{2}\right)$$

No nosso caso, os dados são: φ = 31° ângulo de atrito interno, h_1 = 3,8 m, γ_1 = 1,43 t/m^3.

Logo:

$$E_A = \frac{1}{2} \cdot K_A \cdot \gamma_1 \left(h_1^2\right)$$

$$E_A = \frac{1}{2} tg^2\left(45 - \frac{\varphi}{2}\right) \cdot 1{,}43 \cdot 3{,}8^2 = \frac{1}{2} tg^2\left(45 - \frac{31}{2}\right)^2 \cdot 1{,}43 \cdot 3{,}8^2$$

$$E_A = \frac{1}{2} tg^2 \ 29{,}5 \cdot 20{,}6 \quad \text{pois} \quad tg\ 29{,}5° = 0{,}56$$

$$E_A = \frac{1}{2} \cdot 0{,}56 \cdot 0{,}56 \cdot 20{,}6 = 3{,}23 \text{ t/m}$$

Ou seja, a cada metro de extensão do muro ele sofre a força de E_A = 3,23 t e a estrutura de retenção (muro de arrimo) tem que resistir a essa força.

Se o muro de arrimo, estruturalmente suportar, o maciço terroso ficará estável. Se não, o maciço terroso levará ao colapso a ele e ao muro de arrimo.

Admitimos solo arenoso e, portanto, C = 0.

43.6 Cálculo do empuxo passivo

Como já dito, só acontece o empuxo passivo quando um maciço terroso é comprimido por uma força externa F e o maciço terroso reage e essa reação é exatamente, sem tirar nem pôr, o empuxo passivo. A equação dará o valor do empuxo passivo quando acontece o colapso estrutural, e o valor do empuxo passivo é rigorosamente igual ao valor da força F externa. Daí dizermos que, didaticamente, a melhor expressão para esse conceito seria de empuxo reativo.

Cálculo de empuxo passivo e com os dados numéricos deste novo caso:

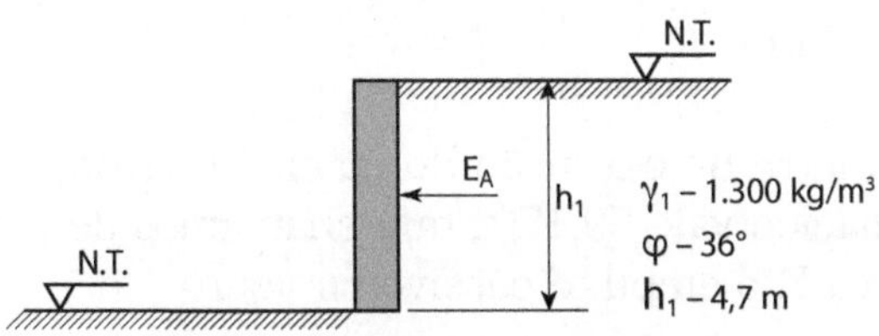

$$K_p = tg^2\left(45 + \frac{\gamma}{2}\right)$$

Cálculo do empuxo passivo:

$$E_p = \frac{1}{2} \cdot \gamma_1 \cdot h_1^2 \cdot tg^2\left(45° + \frac{\varphi}{2}\right) \qquad \varphi = 36°$$

$$E_p = \frac{1}{2} \cdot 1.300 \cdot 4,7^2 \cdot tg^2\left(45 + \frac{36}{2}\right)$$

$$E_p = 14,358 \cdot 1,96 \cdot 1,96 = 55,261 \text{ t/m}$$

Mais um cálculo do empuxo passivo:

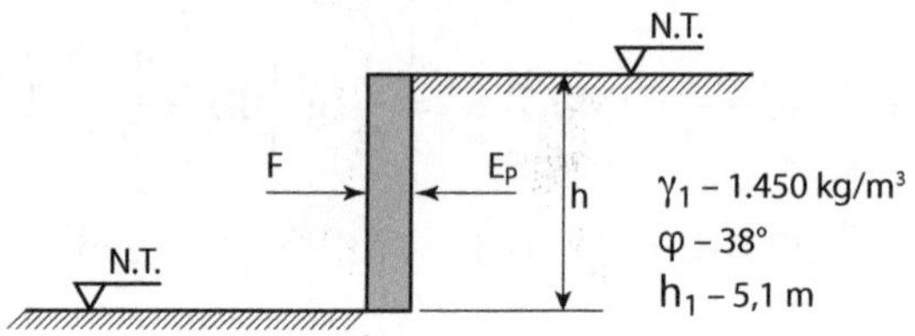

$$E_P = \frac{1}{2} \cdot \gamma_1 \cdot h_1^2 \cdot tg^2\left(45 + \frac{\varphi}{2}\right)$$

$$E_p = \frac{1}{2} \times 1450 \cdot 5,1^2 \times tg^2\left(45 + \frac{38}{2}\right)$$

$$E_p = 18.857 \cdot 2,05^2 = 79.246 \text{ kg/m} = 79,2 \text{ t/m}$$

Para fixar conceitos, vamos a mais um cálculo de empuxo passivo com os dados: $h_1 = 3,8$ m, $\gamma_1 = 1,43$ t/m^3, $\varphi = 31°$.

$$E_P = \frac{1}{2} \cdot \gamma_1 \cdot h_1^2 \cdot K_P = \frac{1}{2} \cdot \gamma_1 \cdot h_1^2 \cdot tg^2\left(45 + \frac{\varphi}{2}\right)$$

$$K_p = tg^2\left(42 + \frac{\varphi}{2}\right)$$

$$E_P = 0,5 \times 1,45 \times 5,1^2 \cdot tg^2\left(45 + \frac{38}{2}\right)$$

$$E_P = 0,5 \times 1,45 \times 26,0 \cdot tg^2(64) \qquad tg^2 64 = 2,05 \times 2,05 = 4,2$$

$$E_P = 79,17 \text{ t/m}$$

Ou seja, a cada metro de extensão do maciço terroso, o valor da força F que leva ao colapso do maciço vale 79,17 t, que chamamos de empuxo passivo E_p. Se eliminarmos essa força F, o empuxo passivo vira zero.

Se a força F for inferior a 79,17 t/m, o maciço terroso resistirá. Se $F > E_p$, temos um colapso.

Nota geral para os dois tipos de empuxo

As duas equações K_A e K_P são denominadas equações de Rankine. Notar sempre (e sempre e sempre) que:

$$E_P > E_A$$

Empuxo em repouso

E o valor (módulo) do empuxo em repouso????

Uma equação para determinar o valor do empuxo em repouso é de difícil fixação, mas como:

$$E_P > E_R,$$

(o empuxo passivo é sempre maior que o empuxo em repouso) uma solução a favor da segurança é usar, no dimensionamento de um muro de arrimo no qual acontece o empuxo em repouso, o valor do empuxo passivo que for maior.

Recordemos o gráfico:

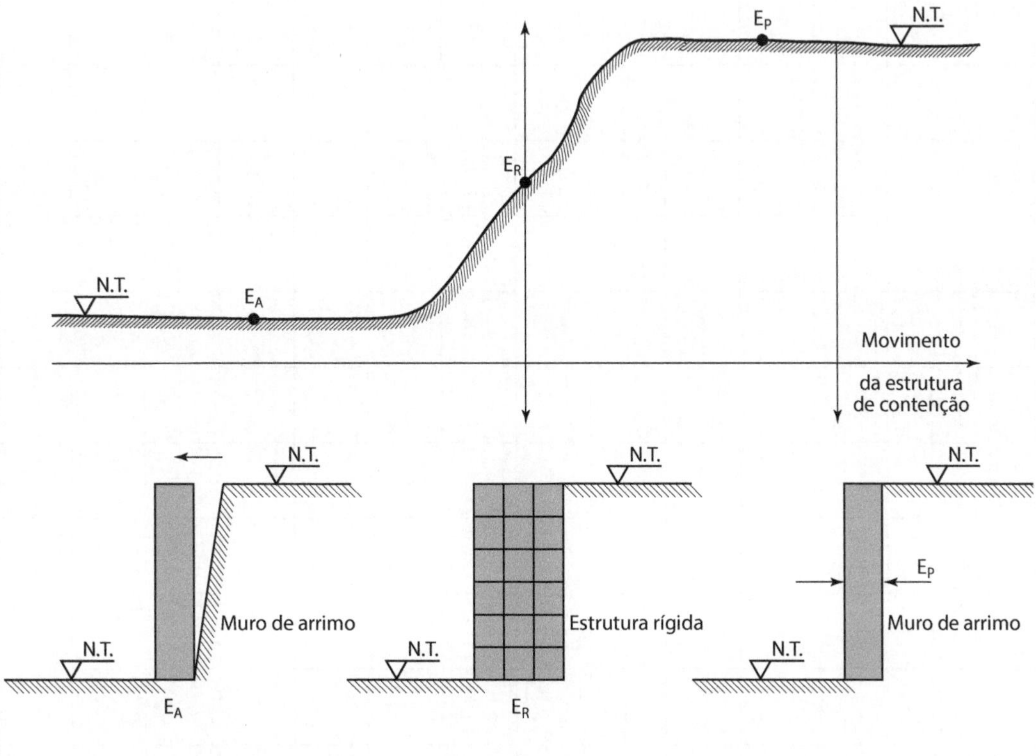

Anote, comente, desenhe...

44 Apresentação preliminar sobre equipamentos utilizados em obras de terra

Em essência, temos as seguintes definições.*

Motoniveladora: máquina dotada de uma lâmina de metal utilizada para o nivelamento de terrenos e para refinar encostas e movimentar pequenas quantidades de terra. A motoniveladora é usada em terrenos macios ou semiduros. A necessidade de operadores treinados é vital para lidar com essa máquina, especialmente em modelos mais sofisticados.

* Baseado em: <www.terraplenagemguimaraes.com.br>. Acesso em: 16 ago. 2016.

Escavadeira hidráulica: equipamento em geral apoiado sobre escavadeiras que suportam o conjunto superior, capaz de girar em torno do seu eixo vertical. A particularidade inerente às escavadeiras é que elas trabalham estacionadas, cabendo à sua estrutura a movimentação necessária à carga e ao descarregamento do material. As escavadeiras trabalham por meio de cilindros hidráulicos. Aplicação: demolição de alvenaria, rocha, concreto, escavação de valas, acerto de taludes, carga de caminhões e serviços de terraplenagem em geral.

Retroescavadeira: destina-se, principalmente, à escavação de valas. Normalmente é montada nas traseiras de tratores de pneus.

Rolo compactador: os rolos pé de carneiro são indicados para a compactação de materiais argilosos ou siltosos. Consistem em cilindros feitos de chapa de aço nos quais são presas exteriormente peças metálicas de formatos variados (pés de carneiro). Tendo em vista a pequena área dos pés de carneiro, o peso do rolo é transmitido ao terreno com pressão mais elevada. Os rolos pé de carneiro podem ser vibratórios. Os rolos vibratórios lisos são indicados para a compactação de materiais arenosos e pedregulhos e consistem em um cilindro fechado feito de chapa de aço que vibra mediante um excêntrico. Os rolos de pneus são indicados para a compactação de materiais coesivos e arenosos.

Compactador tido pé de carneiro.

Compactador liso.

Trator de esteira: equipamento destinado à escavação de solos, equipado com lâminas para operação de escavação ou com placas de empuxo para a operação de *pusher* em *moto scrapers*. Alguns tratores são equipados também com escarificadores que visam facilitar o trabalho de escavação quando o solo é muito duro.

Caminhão aguadeiro: tanque com cerca de 15 mil litros, barra irrigadeira, com rabo de pavão e mangueira tipo de bombeiro.

Dragas: no caso de desassoreamento de rios temos as dragas que succionam o lodo do fundo dos rios e o bombeiam por tubulação de aço para local distante ou para caminhões transportadores que levarão esse lodo para outro local. Notar que sai da draga um jato escuro, uma mistura de água e lodo (solo).

Draga retirando lodo do fundo de um corpo de água e lançando esse lodo em algum outro local.

Se esse lodo for usado para aterrar uma zona baixa ou para fazer uma barragem temos o conceito de "aterro hidráulico". No Rio de Janeiro, as praias do Botafogo e de Copacabana receberam melhorias usando lodo retirado do fundo do mar. São casos de aterro hidráulico.

Pequena draga: a tubulação de recalque do lodo retirado do fundo do corpo de água muito sofre com a areia que vem junto com o lodo, cujo atrito gasta a tubulação (erosão). Como essa areia está sempre na parte de baixo do lodo em bombeamento, essa tubulação de aço tem juntas do tipo flange que permitem girar a tubulação. Assim, o desgaste da tubulação pela erosão da areia é distribuído, aumentando a vida útil da tubulação.

Nota

No caso de aluguel de máquinas de terraplenagem ou dragas, a regra é que o operador da máquina seja funcionário da proprietária do equipamento, pois o trabalho de condução e uso desses equipamentos exige mão de obra muito bem treinada e responsável.

Equipamentos de terraplenagem – descrição sumária

Autoria do Eng. Jarbas Prado Francischi Jr.

Caminhão aguadeiro

Denominado no meio da terraplenagem por caminhão pipa ou simplesmente, irrigadeira, possui subdivisões internas para que, os esforços horizontais durante o transporte da água, sejam também subdivididos, minimizando-os e, para manter constante a seção transversal projetada e construída. Essas seções são normalmente circulares ou, elípticas. Na parcela inferior interna, há uma interligação entre os diversos compartimentos, o que evita a utilização de mais de um registro de gaveta. Esse equipamento possui uma alavanca no interior da cabine do motorista, que controla a abertura e fechamento da válvula (fecho rápido), que abre o escoamento da água, para a barra ou tubo metálico devidamente perfurado como um chuveiro, que distribui a água na sua parte traseira, por meio de inúmeros furos. A velocidade do caminhão durante a distribuição da água é que regula a quantidade de água espargida.

Quando a área é pequena, impedindo o movimento do caminhão, utiliza-se um motor-bomba anexado ao caminhão, ou apenas uma bomba d'água, movida pelo próprio motor do caminhão, com mangueira e espargidor pontual, manualmente.

O técnico de solos ou laboratorista executa os testes necessários, para verificar se o solo atingiu a umidade ótima. Se não houver atingido essa umidade, a área deverá sofrer novo processo de umidificação, se a umidade estiver acima do desejado, a área deverá ser escarificada para perder umidade ou mesmo, ser totalmente revolvida com a utilização de grades.

Recomenda-se que, se possível, o trabalho seja efetuado por pelo menos 2 caminhões, assegurando, dessa forma, eventual e necessário rodízio, sem provocar descontinuidade do trabalho. Sugerimos ainda que a barra de espargimento de água tenha suas extremidades prolongadas além da largura do equipamento (aproximadamente 30 cm de cada lado) e, seja curvada (90°) nas saliências acima citadas, possibilitando a irrigação de sobrelargura. Propomos que os furos da barra de irrigação tenham, no mínimo, diâmetro de 4 a 5 linhas de furos longitudinais à barra.

Retroescavadeiras

Trata-se de equipamento sobre pneus ou sobre esteiras, utilizados para abrir valas e carregar caminhões, normalmente basculantes com o produto da escavação. Devido às dimensões máximas de sua pá, há necessidade de maior número de operação de escavação do que as com pá carregadeiras, que possuem dimensões maiores. Em modelos menores de retroescavadeiras com pneus, foi introduzida um pá no equipamento, transformando-a em pá carregadeira.

Motoscrapper

Trata-se de equipamento sobre pneus, utilizados para raspar grandes áreas, carregando o produto da raspagem, transportando-o para outro local à média distância, por exemplo, de 500 m a 2 km e distribuindo o solo transportado uniformemente, possibilitando, eventualmente, se for o caso, a compactação do material. Durante a raspagem e carregamento esses equipamentos podem ser empurrados por tratores de esteiras, adaptados com engates especiais, permitindo e facilitando ou possibilitando a raspagem e carregamento. Equipamentos mais recentes dispõem de 2 motores, um na dianteira e outro na traseira, que trabalham em sincronia, tracionando as rodas dianteiras ou traseiras ou, ainda, as duas simultaneamente.

Tratores de lâmina

Trata-se de equipamento sobre esteiras, utilizados para a limpeza de áreas, corte de materiais mais resistentes, taludamento, serviços em áreas úmidas de baixa resistência ao tráfego etc.

Motoniveladoras

Trata-se de equipamento sobre pneus, que executam, por meio de sua lâmina, a distribuição, o acabamento e finalização dos serviços de nivelamento do pavimento ou dos taludes. É o equipamento que exige maior precisão dos operadores, entre todos os demais de terraplenagem. A lâmina desse equipamento é muito versátil, podendo trabalhar sob o equipamento ou lateralmente ao mesmo. Esse equipamento trabalha essencialmente com material solto ou, se for compactado, a penetração será mínima, por exemplo, até 5 cm, em cada passagem. Dispõe, ainda, de um escarificador, dianteiro ou traseiro, para revolver áreas que estejam com a umidade acima do desejado ou para possibilitar o seu nivelamento.

45 Cuidados progressivos de uma estrada que se aproxima de morros algo instáveis

Seja uma estrada (ver ilustração na página a seguir) em construção que, por várias razões, vai ter que se aproximar de conjunto de montes algo instáveis, ou melhor, algo suspeitos pois todos os morros são suspeitos em termos de estabilidade.

Vamos estudar trecho por trecho as obras de proteção contra danos à estrada por eventual desmoronamento de maciços terrosos. Houve uma restrição governamental de recursos, razão pela qual as obras devem ser o mais econômicas possíveis, ainda que tecnicamente corretas, como manda a boa engenharia.

Providências mínimas:

- dividir essa parte da estrada em cinco trechos de estudo;
- fazer levantamentos topográficos em todos os trechos, caso esses levantamentos não existam;
- fazer furos de sondagem SPT e testes de cisalhamento em amostras de cada um dos cinco trechos.

Considerando os cinco trechos gerados, e conforme as características de cada trecho, procuraremos a melhor solução para proteger a estrada contra deslizamentos do maciço terroso (que é coesivo) que podem alcançar o leito estradal.

Vejamos a ilustração a seguir:

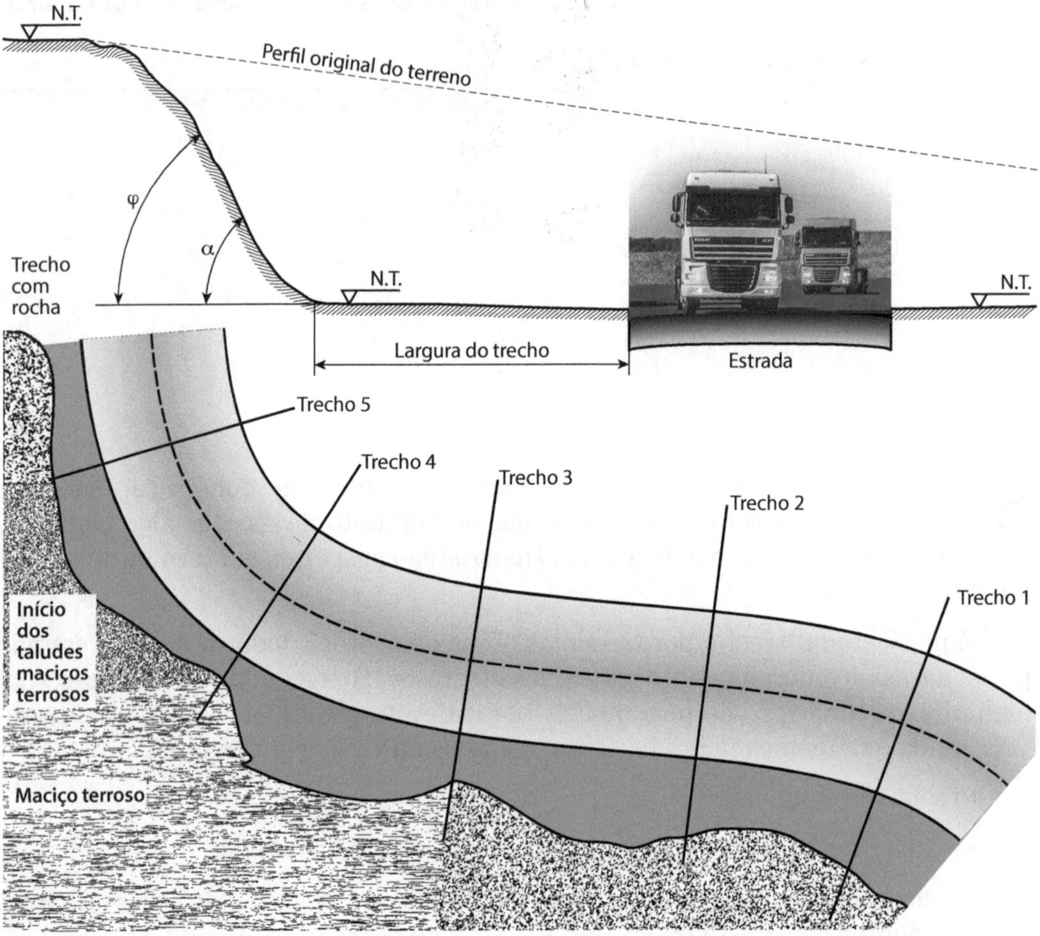

Trecho 1: a estrada está distante do maciço terroso, digamos, uns 200 m do pé de tal maciço. O que fazer?

O maciço terroso (coesivo, como indicado no teste de cisalhamento) está distante da estrada, mas já ocorreu na cidade de Campos do Jordão (SP) um enorme escorregamento de um maciço terroso que soterrou um bairro popular, provocando dezenas de mortes e desaparecimentos. As edificações desse bairro estavam a mais de 300 m do maciço terroso, e, mesmo assim, a terra lodo alcançou algumas casas e seus ocupantes.

Nesse caso, porém, iremos propor nada fazer, pois se fôssemos atuar com obras em todas as situações como essa, gastaríamos toda a verba da estrada em proteções que não temos como saber, com certeza, se são necessárias ou não.

Trecho 2: a estrada está distante, digamos, uns 180 m do pé desse maciço terroso. O que fazer?

Face à sempre presente restrição orçamentária dos órgãos públicos, recomendaríamos apenas no maciço terroso:

- fazer obras de drenagem superficial (canaletas e descidas de água);
- fazer obras de drenagem subsuperficial (subterrâneas) com drenos que diminuiriam o teor de água do maciço terroso.

Com esses dois tipos de intervenção conseguimos diminuir a possibilidade de escorregamento do maciço terroso em direção à estrada, face à diminuição do peso específico do solo e de não deixarmos diminuir a resistência ao cisalhamento do solo do maciço terroso.

Trecho 3: o corpo estradal está a uns 50 m de distância do pé do maciço terroso.

Agora é hora de fazer um corte no maciço terroso. O ângulo de corte resultante deve ser no valor do ângulo de atrito interno do solo do maciço, descoberto no ensaio de cisalhamento.

Claro que sabemos que o solo não é homogêneo, e, seguramente, o ângulo de atrito interno varia de local para local. Mas toda a engenharia de solos convive com esse problema, ou seja, não temos segurança total. Mesmo com o corte com ângulo igual ao ângulo de atrito interno poderemos ter desbarrancamentos, principalmente em épocas de chuva, quando aumentam as infiltrações. Uma solução a favor da segurança seria fazer o ângulo de corte menor ($\alpha < \varphi$) que o ângulo de atrito interno, mas isso resultaria em um maior volume de escavação e, portanto, em um aumento de custos, e os recursos sempre são limitados.

Trecho 4: a estrada está bem próxima do perigoso maciço terroso que é instável. A única solução pode ser fazer muros de arrimo de qualquer tipo (estrutura de concreto armado, gabiões etc.). O cálculo da estrutura de arrimo deverá atender ao empuxo ativo que pode ocorrer, mas sempre, sempre e sempre deveremos fazer drenagem. O custo da drenagem, considerando as vantagens dela decorrentes, recomenda seu uso sempre.

Trecho 5: a estrada está cortando agora um maciço rochoso, e a abertura terá de ser feita a fogo (com o uso de explosivos – ver norma de uso de explosivos).

Esse tipo de situação é de grande confiabilidade, ou seja, corte em maciço rochoso não exige manutenção, embora às vezes ocorram problemas inesperados. Vejamos o que aconteceu em um corte estradal rochoso: um morador simples da região descobriu meses depois da obra um elemento não detonado do explosivo. Sem saber do que se tratava, brincou com ele. Infelizmente, esse elemento explodiu, matando o morador.

Nota

Como é por vezes comum em obras de solos encontrarmos trechos rochosos que precisarão do uso de explosivos para a abertura de espaço, tenhamos em conta:

- Norma ABNT 9.653/2005 (e normas citadas por ela) – Guia para avaliação dos efeitos provocados pelo uso de explosivos nas minerações em áreas urbanas.
- Norma regulamentadora n. 19 – Explosivos. Portaria SIT 228/2011 do Ministério do Trabalho e do Emprego.

Em 6 de agosto de 2015, o colega Arildo Simões contribuiu para o assunto Cortes e Taludes. Veja a seguir seu e-mail:

> Prezado professor,
>
> Se me permite um comentário, como já dizia minha finada e saudosa avó "vergonha é roubar e não poder carregar", em matéria de conhecimento, para quem tem sede saber, toda e qualquer informação que possa agregar algo novo, mesmo que diverso à nossa profissão, é muito bem-vindo. Ao menos para mim!
>
> Para a pergunta em questão recomendo o seguinte procedimento:
>
> Vamos dividir o assunto em duas categorias: taludes de corte e taludes de aterro. Lembrando que, em hipótese alguma, devemos abrir mão do relatório de sondagens (SPT) para balizar nossas decisões técnicas e financeiras.
>
> Tratando-se de talude de corte, a inclinação dos taludes deve seguir as seguintes recomendações:
>
> - em áreas com possibilidades de escorregamento ou desmoronamento, devemos adotar a relação V/h (em que V é a medida vertical e h a medida horizontal) é 1/1;
> - em áreas sem possibilidades de escorregamento ou desmoronamento devemos adotar a relação V/h (em que V é a medida vertical e h a medida horizontal) é 3/2;
> - caso nosso maciço seja rocha viva, não há necessidade de inclinação podendo o corte ser vertical. No entanto, a prática e o bom senso costumam adotar uma relação V/h da ordem de 3/1.

A construção de bermas deve ser analisada conforme o caso, em função da altura do talude. É praxe adotar uma medida vertical na ordem de 6 m para facilitar a manutenção e limpeza. No entanto, o DER aceita taludes com altura de até 10 m. Como se vê e sempre se afirma, a engenharia não é só movida por cálculos matemáticos, o bom senso do profissional em alguns casos pode chegar a 50% da solução adotada.

Por último, quando tratamos de talude de aterro, temos as seguintes considerações, recomendadas por norma:

- para aterros com menos de 3 m de altura máxima, a relação V/h (em que V é a medida vertical e h a medida horizontal) a considerar é 1/4;
- para aterros com mais de 3 m de altura máxima, a relação V/h (em que V é a medida vertical e h a medida horizontal) a considerar é 1/2.

Bermas de equilíbrio podem ser necessárias em função da qualidade solo a ser aterrado, assim como a instalação de manta geotêxtil sobre o solo compressível, de forma a melhorar suas características de resistência ao aterro.

Dessa forma, é imprescindível o conhecimento prévio do solo envolvido no estudo.

Como se pode concluir, em matéria de solos, não há uma solução padrão para execução, muitas variáveis estão em jogo em uma decisão. Devendo sempre haver a conciliação entre técnica adequada e custo conveniente.

Espero ter respondido corretamente e ajudado com meus humildes préstimos a sua solicitação.

Grato pelo material enviado.

Abraços!

Arildo Donizeti Simões
Eng. Civil e Estrutural
E-mail: arildo.simoes@minerbo_fuchs.com.br

Anote, comente, desenhe...

46 Aterro, o príncipe dos movimentos de terra: a norma do DER/PR

O aterro é uma movimentação de solos feita pelo ser humano tendo em vista tirar solo de um local e transportá-lo e condicioná-lo, lançando-o em outro local e dando a ele, por exemplo, adequada resistência ou outra característica desejável. Jocosamente diríamos que antes de Adão e Eva nunca existiram aterros, ou seja, movimentos da natureza não geram o que chamamos de aterros. Ao fazermos em uma praia um castelo de areia, nós tiramos areia de um local e com cuidado até estético fazemos um castelo. Isso é um aterro.

Antes de projetar e construir um aterro, temos de saber para o que ele será usado. Vejamos tipos de aterros em função de seu uso quando pronto:

- aterro sobre uma depressão (trecho baixo) para que sobre ele passe uma via rodoviária: os cuidados com esse aterro dependerão do tipo de rodovia a servir. Se se tratar de uma autopista, os cuidados com futuros recalques serão enormes. Tratando-se de uma estrada vicinal (rural de pequeno trânsito), podemos aceitar recalques com o tempo, que serão complementados com material novo, adicional, reconstruindo uma superfície algo plana;
- aterro sobre um vale por onde passará uma ferrovia eletrificada: recalques do solo de apoio poderão ser um problema, pois a linha férrea exige contato elétrico e um aprofundamento dos trilhos não é aceitável;
- aterro para gerar uma superfície para a construção de conjuntos residenciais: o passado da área, que pode, eventualmente, ter guardado restos tóxicos (caso de terreno usado no passado por certos tipos de indústria), preocupa muito. Ou seja, locais com tal passado, a menos que tenham recebido cuidados especiais (ventilação, extração de gases), não devem ser usados para conjuntos residenciais;
- aterro sobre uma depressão (vale) para ser um aterro sanitário (disposição de lixo urbano).

O local de onde se retira o solo é uma área denominada "área de empréstimo", e o local onde se dispõe um solo inadequado ou sem função chama-se "área de bota-fora". Com o crescimento da consciência ecológica, áreas de empréstimo terão que receber cuidados especiais de algum tipo, visando à recomposição. Áreas de bota-fora também exigem cuidados ambientais.

Vejamos alguns aterros famosos:

- aterro da praia do Botafogo, no Rio de Janeiro;
- aterro hidráulico (usando água no transporte de solos) na construção em 1908 da Barragem do Guarapiranga (SP), originando uma barragem de solo com a qual foi gerado um reservatório hídrico para regularizar a vazão do rio Pinheiros e do rio Tietê;
- aterro da praia de Copacabana, usando material do fundo do mar que foi dragado e jogado na praia. Graças a esse aterro, a faixa de areia da praia foi alargada, com indiscutíveis vantagens turísticas, assim como a avenida Beira-Mar, que ganhou mais pistas de rolamento e recebeu lindos jardins. Esse projeto foi feito por um dos maiores especialistas em obras civis do mundo, o Laboratório Nacional de Engenharia Civil de Portugal (LNEC).

O maior aterro do mundo fica na Holanda. Esse país, por meio do seu Projeto Delta, avançou sobre o mar, fazendo aterros com material escavado do fundo do mar e usando até solos trazidos da África transportados em chatas (barcaças). Hoje, mais da metade da população holandesa mora em áreas conquistadas ao mar e que têm cota mais baixa que o nível do mar. Isso só é possível graças à modelagem do sistema de drenagem, que abaixa o lençol freático.

Vale a famosa frase: "Deus fez a Terra, mas quem fez a Holanda foram os holandeses...".*

Regras sagradas, e ponha sagradas nisso, para fazer um bom aterro:

- a espessura da camada lançada e que deve ser compactada não deve exceder cerca de 25 cm;
- escolher o material a usar no aterro segundo critério do Índice de Suporte Califórnia;
- controlar a umidade do material colocado no aterro. A umidade ótima é definida pelo ensaio de Proctor. Às vezes, adiciona-se água usando um caminhão irrigador. Às vezes, seca-se o solo a ser adicionado. Essa secagem é feita previamente ao sol;

* São os chamados pôlderes, locais cercados por barragens de terra e tendo o seu nível de água controlado por bombeamento ou drenagem. Em Lorena (SP) tivemos um exemplo de pôlderes com o objetivo agrícola. No bairro Jardim Pantanal (São Paulo/SP), como o nome indica, foram construídos pôlderes urbanos, protegendo essa área de inundação.

- a umidade que deverá ser obtida no solo do aterro compactado deve ficar sempre próxima (cerca de 98%) da umidade ótima (definida pelo ensaio de Proctor);
- controlar o peso específico do material do aterro que deve ser compactado com máquinas de terraplenagem adequadas.

Como critério geral, vale o quadro a seguir para compatibilizar o uso de equipamentos de compactação e o tipo de solos:

Tipo de solo	Tipo de equipamento
Solo coesivo (argiloso)	Rolo pé de carneiro e os rolos conjugados
Solos granulares (solo arenoso)	Rolo liso vibratório
Mistura de solos	Rolo pé de carneiro vibratório
Mistura de argila, silte e areia	Rolo pneumático com rodas oscilantes
Qualquer tipo de solo	Rolo pneumático pesado com pneus de grande diâmetro e largura

Observações sobre o material a ser usado nos aterros

Diz a norma para material a usar em aterros:

> *Prefeitura de Recife (PE)*
>
> *"3. MATERIAIS*
>
> *Os solos para os aterros provirão de áreas de empréstimo ou de locais onde estejam sendo executados cortes, devendo ser indicados pela Empreiteira e aprovados pela Fiscalização.*
>
> *Solos turfosos, argilas orgânicas e solos com matéria orgânica ou vegetal não poderão ser empregados, devendo ser evitada, também, a utilização de solos com presença de material micáceo, bem como qualquer solo com índice de expansão maior do que 4%, determinado no ensaio de índice de suporte Califórnia (CBR), utilizando a energia normal de compactação (NBR-9895 "Solo-Índice de Suporte Califórnia" da ABNT, equivalente ao Método de Ensaio – ME-9 – "Índice de Suporte Califórnia de Solos"). Os aterros executados com finalidade viária (camadas de pavimento), deverão ter o índice de expansão limitados a 2%.*
>
> *Preferencialmente, os solos deverão receber tratamento prévio na*

jazida, de modo que, ao serem descarregados no local de trabalho, apresentem-se já com umidades próximas à faixa especificada, soltos e sem presença de torrões ou núcleos duros."

A legislação enseja algumas perguntas:

Com um aterro pronto e com umidade próxima da umidade ótima, quando chove, como fica sua umidade? Resposta: um aterro com a umidade ótima será um aterro que pouco sofrerá com a ocorrência de chuvas.

Como se escolhe uma área de empréstimo de solo? Resposta: uma área de empréstimo de solo deve ter um solo adequado (ver Índice de Suporte Califórnia), ter volume de solo aproveitável, ser algo próximo do local do aterro, face ao custo de transporte, e deve-se obter autorização (em geral onerosa) do proprietário do local, além de autorização para a escavação, retirada e recomposição da área (ver item 16 sobre a polêmica da retirada de um solo argiloso, bom demais).

Nota

Como primeira explicação, solos micáceos e diatomáceos são aqueles com restos orgânicos vegetais.

Conversa com o engenheiro Jarbas Prado Francischi Jr. (especialista em obras municipais):

> Caro Jarbas,
>
> A prefeitura de Belo Horizonte proíbe fazer aterros usando solos micáceos. Mica é uma pedra com um tipo de espelhagem. Por que a restrição a solos micáceos para fazer aterros????
> Grato por eventual resposta.
>
> Manoel Henrique Campos Botelho

Resposta do engenheiro Jarbas

> Caro Botelho,
>
> Os solos micáceos não são adequados para compactação, pois pode haver eventual concentração de mica em determinadas áreas de terraplenagem, provocando o aparecimento de lamelas, desestruturando, assim, a área pavimentada, serviço esse de difícil recomposição.

Em áreas com pouca argila, equipamentos de compactação do tipo pé de carneiro não conseguem sequer realizar a compactação, sendo necessária a utilização de rolos liso e pneu.

A situação piora se houver necessidade de revolvimento intenso do solo, para adequar a umidade, a meu ver o revolvimento tende a aglutinar a mica, inviabilizando o serviço.

Sofri muito com esse material na região de uma cidade chamada Fernando Prestes, em São Paulo, na obra de execução de uma estrada vicinal. O DER não queria pagar o transporte de material melhor, alegando que não tinha recurso financeiro. Fui obrigado a aprender na marra, a trabalhar com esse tipo de solo.

Para ciência.

Jarbas

Nota

No caso de se usar solos arenosos para a criação de aterros então os solos arenosos:

- podem ser compactados usando tratores vibratórios;
- a cravação de estacas dentro do maciço do aterro tende a compactá-lo (o que é ótimo) por duas razões aditivas:
  - a vibração causada no solo pela cravação; e
  - a própria entrada das estacas "roubando" espaço do ar e compacta o maciço.

A norma a seguir, do Departamento de Estradas de Rodagem do Paraná (DER/PR ES – T 06/05 – Terraplenagem: Aterros) é uma norma estradal. Quando de seu uso para outros fins, devemos fazer as adaptações necessárias.

O DNIT também tem normas de terraplenagem.

No caso de terraplenagem com o fito de atender a um aterro sanitário (cobertura com terra de lixo urbano), existem exigências específicas. Passemos agora a conhecer essa norma do Estado do Paraná.

Departamento de Estradas de Rodagem do Estado do Paraná – DER/PR	DER/PR ES-T 06/05 TERRAPLENAGEM: ATERROS	
Avenida Iguaçu, 420 DEP 80230 902 Curitiba Paraná Fone (41) 3304 8000 Fax (41) 3304 8130 www.pr.gov.br/derpr	Especificações de Serviços Rodoviários Aprovada pelo Conselho Diretor em 09/05/2005 Deliberação n.º 086/2005 Esta especificação substitui a DER/PR ES-T 06/91 Autor: DER/PR (DG/AP)	
	Palavra-chave: aterro	10 páginas

RESUMO

Este documento define a sistemática empregada na execução de aterro como parte integrante da plataforma da rodovia. Aqui são definidos os requisitos técnicos relativos aos materiais, equipamentos, execução, preservação ambiental, controle de qualidade, além dos critérios para aceitação, rejeição, medição e pagamento dos serviços. Para aplicação desta especificação é essencial a obediência, no que couber, à DER/PR IG-01/05.

SUMÁRIO

0 PREFÁCIO

Esta especificação de serviço estabelece a sistemática empregada na execução, no controle de qualidade e nos critérios de medição e pagamento do serviço em epígrafe, tendo como base as Especificações de Serviço DER/PR ES-T 06/91 e DNER-ES 282/97.

1 OBJETIVO

Fixar a sistemática adotada para a execução de aterros em obras rodoviárias sob a jurisdição do DER/PR.

2 REFERÊNCIAS

DNER-ME 049/94 – Solos – determinação do índice de suporte Califórnia utilizando amostras trabalhadas

DNER-ME 080/94 – Solos – análise granulométrica por peneiramento

DNER-ME 082/94 – Solos – determinação do limite de plasticidade

DNER-ME 092/94 – Solos – determinação da massa específica aparente do solo "in situ", com o emprego do frasco de areia

DNER-ME 122/94 – Solos – determinação do limite de liquidez – método de referência e método expedito

DNER-MS 129/94 – Solos – compactação utilizando amostras não trabalhadas

Manual de Instruções Ambientais para Obras Rodoviárias - DER/PR

Manual de Execução de Serviços Rodoviários do DER/PR

Normas de Segurança para Trabalhos em Rodovias - DER/PR

Manual de Implantação Básica do DNER

3 DEFINIÇÕES

3.1 Aterros: segmentos de rodovia cuja implantação requer depósito de materiais, provenientes de cortes e/ou de empréstimos, no interior dos limites das seções de projeto (offsets) que definem o corpo estradal, ou a substituição de materiais inadequados, previamente removidos do subleito dos cortes ou dos terrenos de fundação dos próprios aterros.

3.2 Corpo de aterro: parte do aterro situado entre o terreno natural até 0,60 m abaixo da cota correspondente ao greide da terraplenagem.

3.3 Camada final: parte do aterro constituído de material selecionado, situado entre o greide da terraplenagem e o corpo do aterro.

3.4 Bota-fora: local selecionado para depósito do material excedente resultante da escavação dos cortes.

4 CONDIÇÕES GERAIS

4.1 Não é permitida a execução dos serviços objeto desta especificação:

a) sem a prévia execução dos serviços de desmatamento, destocamento e limpeza;

b) sem a conclusão das obras de arte correntes, necessárias à drenagem da bacia hidrográfica interceptada pelo aterro;

c) sem a marcação prévia dos "offsets", indicados nos elementos técnicos fornecidos à executante e constantes das "notas de serviço" elaboradas em conformidade com o projeto;

d) sem a implantação prévia da sinalização da obra, conforme Normas de Segurança para Trabalhos em Rodovias do DER/PR;

e) sem o devido licenciamento/autorização ambiental conforme Manual de Instruções Ambientais para Obras Rodoviárias do DER/PR;

f) em dias de chuva.

5 CONDIÇÕES ESPECÍFICAS

5.1 Material

a) Os solos devem ser, preferencialmente, utilizados atendendo à qualidade e à destinação prévia, indicadas no projeto.

b) Os solos para os aterros devem ser provenientes de empréstimos ou de cortes a serem escavados, devidamente selecionados.

c) Os solos para os aterros devem ser isentos de matérias orgânicas, micáceas e diatomáceas. Turfas e argilas orgânicas não devem ser empregadas.

d) Na execução do corpo dos aterros não é permitido o uso de solos de baixa capacidade de suporte (ISC<2% - DNER-ME 049/94) e expansão maior do que 4% (DNER-ME 049/94).

e) A camada final dos aterros deve ser constituída de solo selecionado na fase de projeto, dentre os melhores disponíveis, os quais são objeto de especificações complementares indicadas no projeto. Não é permitido o uso de solos com expansão maior do que 2%.

f) Em regiões onde houver ocorrência de materiais rochosos, e na falta de materiais de 1ª ou 2ª categoria, admite-se, desde que haja indicação no projeto, do seu emprego, atendidas as condições descritas em 5.3.

5.2 Equipamento

5.2.1 Todo o equipamento, antes do início da execução do serviço, deve ser cuidadosamente examinado e aprovado pelo DER/PR, sem o que não é dada a autorização para o seu início.

5.2.2 A execução dos aterros deve prever a utilização racional de equipamentos apropriados, atendidas as condições locais e a produtividade exigida. Podem ser empregados os seguintes equipamentos:

a) motoniveladora;
b) trator agrícola;
c) grade de discos;
d) caminhão irrigador;
e) rolos compactadores autopropelidos (lisos, de pneus ou pés de carneiro).

5.3 Execução

5.3.1 A responsabilidade civil e ético-profissional pela qualidade, solidez e segurança da obra ou do serviço é da executante.

5.3.2 A execução dos aterros subordina-se a elementos técnicos fornecidos executante e constantes das notas de serviço, elaboradas em conformidade com o projeto.

5.3.3 O início das operações é precedido da execução dos serviços de desmatamento, destocamento e limpeza.

5.3.4 No caso de aterros assentes sobre encostas, com inclinação transversal acentuada e de acordo com o projeto, as encostas naturais devem ser escarificadas com um trator de lâmina, produzindo ranhuras, acompanhando as curvas de nível. Se a natureza do solo condicionar a adoção de medidas especiais para a solidarização do aterro ao terreno natural, exige-se a execução de degraus ao longo da área a ser aterrada.

5.3.5 No caso de alargamento de aterros, a execução é obrigatoriamente procedida de baixo para cima, acompanhada de degraus nos taludes existentes. Desde que justificado em projeto, a execução pode ser realizada por meio de arrasamento parcial do aterro existente, até que o material escavado preencha a nova seção transversal, complementando-se com material importado toda a largura da referida seção transversal.

5.3.6 Em regiões onde houver ocorrência predominante de areia, admite-se a execução parcial de aterros com o emprego da mesma, desde que previsto em projeto. Exige-se a proteção através de camadas subsequentes de material terroso devidamente compactadas.

5.3.7 Para as regiões de solos arenosos finos, é admitida a utilização nos aterros de areia lixiviada ("areião"), atendidas as recomendações constantes do Manual de Execução do DER/PR.

5.3.8 Para os casos em que o aterro projetado deva ser executado sobre área alagada, deve ser providenciada a drenagem da mesma, previamente à aplicação do material da primeira camada do aterro. Não havendo a possibilidade de escoamento ou remoção da água existente, a porção inferior do aterro é executada com material permeável (areia, pedregulho ou fragmentos de rocha).

5.3.9 Nos locais de travessias de cursos d'água ou passagens superiores, a construção dos aterros deve preceder à construção das obras de arte especiais projetadas. Em caso contrário, todas as medidas de precaução devem ser tomadas, a fim de que o método empregado para a construção dos aterros de acesso não provoque movimentos ou tensões indevidas nas obras de arte.

5.3.10 Em regiões onde houver ocorrência predominante de materiais rochosos, admite-se a execução de aterros com o emprego dos mesmos, desde que previsto em projeto. O material rochoso deve ser depositado em camadas cujas espessuras não ultrapassem 0,75 m. Os últimos 2,00 m de aterro devem ser executados em camadas de no máximo 0,30 m de espessura. A conformação das camadas é executada mecanicamente, devendo o material ser espalhado com equipamento apropriado e devidamente compactado por meio de rolos vibratórios. Deve ser obtido um conjunto livre de grandes vazios e engaiolamentos e o diâmetro máximo dos blocos de pedra é limitado pela espessura da camada. O tamanho admitido para a maior dimensão da pedra é de 2/3 da espessura da camada.

5.3.11 O lançamento de material terroso para a construção dos aterros deve ser feito em camadas sucessivas, em toda a largura da seção transversal e em extensões tais que permitam seu umedecimento e compactação de acordo com o previsto nesta especificação de serviço. Para o corpo dos aterros, a espessura da camada compactada não deve ultrapassar 0,30 m. Para as camadas finais essa espessura não deve ultrapassar 0,20 m.

5.3.12 As condições de compactação exigidas para os aterros são discriminadas na sequência.

a) Camada final:

a.1) para efeito de compactação, a camada final é dividida em três camadas individuais de 20 cm cada;

a.2) o grau de compactação mínimo, em cada uma das camadas de 20 cm, obtido através do ensaio DNER-ME 092/94, é de 100% em relação à massa específica aparente máxima seca obtida em laboratório pelo ensaio DNER-ME 129/94, considerando a energia normal ou a energia intermediária. De qualquer forma, deve ser adotada a maior energia passível de aceitação pelo material empregado, perante as condições dos equipamentos utilizados;

a.3) teor de umidade situado na faixa de ±3% para as duas primeiras camadas, e ±2% para a camada superficial, em relação à umidade ótima do ensaio DNER-ME 129/94. De qualquer forma, deve ser assegurado que o valor obtido para o ISC seja igual ou superior ao previsto no projeto;

b) Corpo de aterro:
   b.1) grau de compactação mínimo de 95% em relação à massa específica aparente máxima seca do ensaio DNER-ME 129/94 (energia normal), cuja espessura máxima por camada compactada deve ser igual a 30 cm;
   b.2) teor de umidade situado na faixa de ±3% em relação à umidade ótima do ensaio DNER-ME 129/94.

5.3.13 As camadas que não atingirem as condições exigidas para a compactação devem ser escarificadas, homogeneizadas, levadas às condições desejadas de umidade e novamente compactadas, até que seja atingida a massa específica aparente seca exigida.

5.3.14 A inclinação dos taludes de aterro, tendo em vista a natureza dos solos e as condições locais, é fornecida pelo projeto.

5.3.15 A fim de proteger os taludes contra os efeitos da erosão, proceder conveniente drenagem e obras de proteção, mediante o plantio de gramíneas, estabilização betuminosa e/ou a execução de patamares, com o objetivo de diminuir o efeito erosivo da água, em conformidade com o estabelecido no projeto.

5.3.16 Havendo a possibilidade de solapamento da saia do aterro em épocas chuvosas, providenciar a construção de enrocamento no pé do aterro. Na execução de banquetas laterais ou meios-fios conjugados com sarjetas revestidas, desde que previstas no projeto, as saídas de água são convenientemente espaçadas e ancoradas na banqueta e na saia do aterro. O detalhamento destas obras é apresentado no projeto.

5.3.17 Nos aterros de acesso próximos aos encontros de pontes, o enchimento de cavas de fundações e das trincheiras de bueiros, bem como todas as áreas de difícil acesso ao equipamento usual de compactação, são compactados mediante o uso de equipamento adequado, como soquetes manuais, sapos mecânicos etc. A execução é em camadas nas mesmas condições de massa específica aparente seca e umidade prevista para o corpo dos aterros.

5.3.18 Durante a construção, os serviços executados devem ser mantidos com boa conformação e permanente drenagem superficial, para evitar a ação erosiva das águas.

5.3.19 A executante é responsável pela manutenção das condições de tráfego na obra, tanto na plataforma executada como nos caminhos de serviço, independentemente das condições climáticas e sem ônus para o DER/PR.

6 MANEJO AMBIENTAL

6.1 As providências a serem tomadas visando a preservação do meio ambiente referem-se a execução dos dispositivos de drenagem e à proteção vegetal dos taludes, previstos no projeto, para evitar erosões e consequente carreamento de material.

6.2 Os bota-foras, em alargamento de aterros, devem ser compactados com a mesma energia utilizada nos aterros.

6.3 Além destes procedimentos, devem ser atendidas, no que couber, as recomendações do Manual de Instruções Ambientais para Obras Rodoviárias do DER/PR.

7 CONTROLE INTERNO DE QUALIDADE

7.1 Compete à executante, a realização de testes e ensaios que demonstrem a seleção adequada dos materiais e a realização do serviço de boa qualidade e em conformidade com esta especificação.

7.2 As quantidades de ensaios para controle interno de execução referem-se às quantidades mínimas aceitáveis podendo, a critério do DER/PR ou da executante, ser ampliadas para garantia da qualidade da obra.

7.3 Para a camada final, devem ser realizados os seguintes ensaios:

a) um ensaio de compactação, segundo o método de ensaio DNER-ME 129/94 para cada 200 m^3 de material e no mínimo três ensaios por pano de 600 m;

b) um ensaio do Índice de Suporte Califórnia segundo o método de ensaio DNER-ME 049/94, para cada 1.000 m^3;

c) uma determinação de umidade pelo método expedito da "frigideira", conforme descrito no Manual de Execução de Serviços Rodoviários do DER/PR e uma determinação da massa específica aparente seca "in situ" pelo método DNER-ME 092/94, para cada 150 m^3 de camada final, alternadamente no eixo e bordo. Para aterros com extensão inferior a 100 m são executados, pelo menos, duas determinações;

d) um ensaio de granulometria (DNER-ME 080/94), do limite de liquidez (DNER-ME 122/94) e do limite de plasticidade (DNER-ME 082/94), para cada 1.000 m^3.

7.4 Para corpo de aterro, devem ser realizados os seguintes ensaios:

a) um ensaio de compactação, segundo o método de ensaio DNER-ME 129/94, para cada 1.000 m^3 de um mesmo material do corpo de aterro;

b) um ensaio do Índice de Suporte Califórnia segundo o método de ensaio DNER-ME 049/94, para cada 1.000 m^3;

c) uma determinação de umidade pelo método expedito da "frigideira", e uma determinação da massa específica aparente seca "in situ" pelo método DNER-ME 092/94, para cada camada de corpo de aterro, com espaçamento até 200 m, e, no mínimo, duas determinações por camada;

d) um ensaio de granulometria (DNER-ME 080/94), do limite de liquidez (DNER-ME 122/94) e do limite de plasticidade (DNER-ME 082/94) para cada conjunto de dez ensaios de compactação, segundo 7.4 "a".

8 CONTROLE EXTERNO DE QUALIDADE – DA CONTRATANTE

8.1 Compete ao DER/PR a realização aleatória de testes e ensaios que comprovem os resultados obtidos pelo executante, bem como formar juízo quanto à aceitação ou rejeição do serviço em epígrafe.

8.2 O controle externo de qualidade é executado através de coleta aleatória de amostras, por ensaios e determinações previstas no item 7, cuja quantidade mensal mínima corresponde pelo menos a 10% dos ensaios e determinações realizadas pelo executante no mesmo período.

8.3 Controle geométrico

a) O acabamento da plataforma de aterro é procedido mecanicamente de forma a alcançar a conformação da seção transversal do projeto, admitidas as seguintes tolerâncias:

a.1) variação da altura máxima de ±0,03 m para o eixo e bordos;
a.2) variação máxima de largura de +0,30 m para a plataforma, não sendo admitida variação negativa.

b) O controle deve ser efetuado por nivelamento de eixo e do bordo.

c) Abaulamento transversal situado na faixa de ±0,5%, em relação ao definido em projeto para a camada final, não se admitindo situações que permitam o acúmulo de água.

d) O acabamento dos taludes e da plataforma seja considerado satisfatório, com base em inspeção visual.

9 CRITÉRIOS DE ACEITAÇÃO E REJEIÇÃO

9.1 A expansão e ISC determinados pelo método DNER-ME 049/94 deve apresentar sempre o seguinte resultado:

a) para corpo de aterro: ISC ≥ 2% e expansão ≤ 4%;
b) para camadas finais: ISC ≥ ISC de projeto e expansão ≤ 2%.

9.2 Para aceitação dos serviços é necessário que:

a) os valores individuais da expansão atendam ao valor máximo especificado;

b) os valores calculados estatisticamente para o grau de compactação e para o ISC atendam, respectivamente, ao especificado em 5.3.11 e 9.1. O cálculo estatístico é feito da seguinte maneira:

$X - ks \geq$ valor mínimo especificado, sendo:

$$X = \frac{\sum Xi}{n}$$

$$s = \sqrt{\frac{\sum (xi - X)^2}{n-1}}$$

$$n >= 9$$

Onde:

Xi = valores individuais
X = média da amostra
s = desvio padrão da amostra
n = número de determinações
k = 1,25

9.3 Se o serviço for rejeitado por deficiência de compactação, os segmentos que não atingiram as condições mínimas de compactação devem ser escarificados, homogeneizados, levados à umidade adequada e novamente compactados, de acordo com a massa específica aparente seca exigida.

9.4 Se o serviço for rejeitado por expansão superior à máxima e/ou ISC inferior ao valor mínimo, conforme definidos em 9.1, os segmentos que apresentam esta deficiência devem ser removidos, na profundidade da camada considerada, e substituídos por material selecionado, convenientemente executado de acordo com esta especificação.

9.5 Os resultados dos controles e dos critérios para aceitação ou rejeição dos serviços executados devem ser registrados em relatórios mensais ou periódicos de acompanhamento e associados à medição dos serviços.

10 CRITÉRIOS DE MEDIÇÃO

10.1 Os serviços executados e recebidos na forma descrita são medidos pela determinação do volume de material compactado na pista, expresso em metros cúbicos, fazendo-se distinção quanto à energia de compactação e quanto à classificação do material utilizado. No cálculo dos volumes, é aplicado o método da média das áreas.

10.2 A seção transversal a ser considerada para efeito de medição, em cada caso, é a menor, dentre a seção de projeto e a seção real medida após a execução do serviço.

10.3 Particularidades relacionadas à superposição das operações previstas para a porção superior da camada final e a regularização do subleito são abordadas no Manual de Execução do DER/PR.

10.4 Com relação à ocorrência de excessos sistemáticos nos volumes dos aterros, reportar-se ao Manual de Execução do DER/PR.

11 CRITÉRIOS DE PAGAMENTO

11.1 Os serviços aceitos e medidos só são atestados como parcela adimplente, para efeito de pagamento, se, juntamente com a medição de referência, estiver apenso o relatório com os resultados dos controles e de aceitação.

11.2 O pagamento é efetuado, após a aceitação e a medição dos serviços executados, com base nos preços unitários contratuais, os quais representarão a compensação integral para todas as operações, transportes, materiais, perdas, mão de obra, equipamentos, controle de qualidade, encargos e eventuais necessários à completa execução dos serviços.

Anote, comente, desenhe...

47 Limitação de corte vertical em terreno argiloso

Escavações em terrenos arenosos (como os das praias) geram estruturas instáveis e escavações de pequena profundidade estável. Escavações em terrenos argilosos podem alcançar profundidades maiores e escavações estáveis (sem desmoronamentos). Este autor acompanhou obra de rede de esgoto sanitário na avenida Paulista, em São Paulo, SP, que é o topo de um cume de montanhas,com valas de profundidade de até 3 m em terreno argiloso. Elas ficavam estáveis sem nenhum tipo de escoramento, embora a cada vinte metros se fizesse uma proteção de valas, já que valas muito extensas, mesmo em terrenos argilosos, podem perder estabilidade e desbarrancar e havia trabalhadores labutando dentro delas. Felizmente, na obra citada não houve desmoronamento. Procurou-se também fazer obra rápida, pois o tempo é, por vezes, inimigo da estabilidade. Ver esquema a seguir:

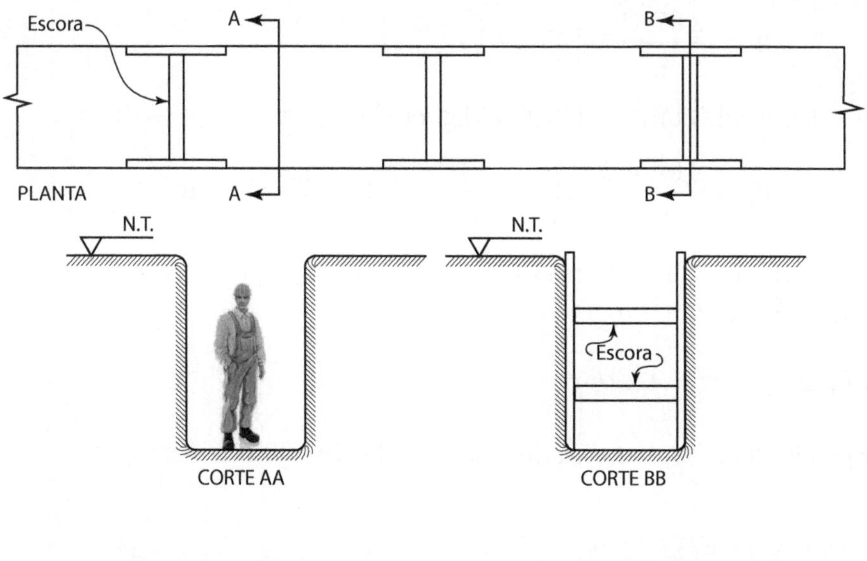

Mas sempre fica uma questão: em terrenos argilosos qual a máxima profundidade de escavação que podemos aceitar em uma vala?

É atribuída a Terzaghi, o mestre mundial da Mecânica dos Solos, o estabelecimento de uma equação que permite estimar tal profundidade, pois em Mecânica dos Solos, a mais ingrata das teorias da Construção Civil, a altura máxima (chamada de altura crítica h_c) de uma escavação sem desbarrancamento em um solo argiloso é dada pela equação:

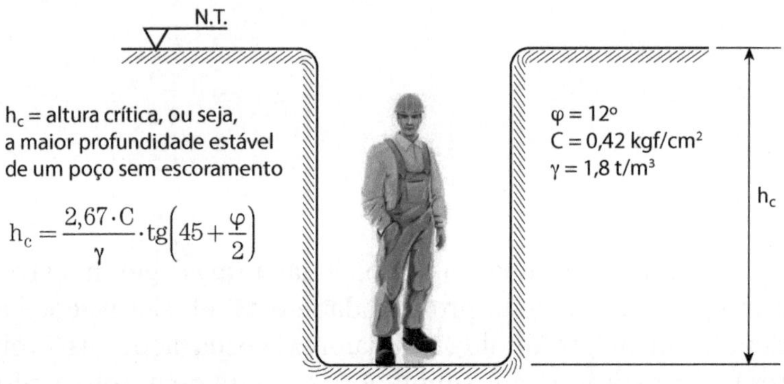

Notar que quanto maior a coesão C desse solo argiloso, maior resulta a altura crítica. Normalmente a coesão C varia de 0,2 kgf/cm^2 a 0,8 kgf/cm^2, chegando, em casos excepcionais, a 10 kgf/cm^2.

Também é preciso notar que quanto maior ϕ, maior h_c, pois a função tangente é crescente até próxima de 90°.

$$h_c = \frac{2,67 \cdot C}{\gamma} \cdot tg\left(45 + \frac{\varphi}{2}\right)^o$$

$$\gamma = 1,8\ t/m^3 \qquad C = 0,42\ kgf/cm^2 = 4,2\ t/m^2 \qquad \varphi = 12°$$

$$h_c = \frac{2,67 \cdot 4,2}{1,8} \cdot tg\left(45 + \frac{12}{2}\right)^o = 6,23 \cdot 1,23 = 7,66\ m$$

Tivemos de usar um sistema de unidades coerente, ou seja, exprimir a coesão dada como 0,42 kgf/cm^2 em t/m^2;

C = 0,42 kgf/cm^2 = 4,2 t/m^2.

A equação do h_c é chamada de Equação de Terzaghi.

Desprezaremos, por segurança, a contribuição tg(45 + φ/2), pois, com o tempo, o solo pode perder resistência (coesão) em razão da ação da chuva, umidade, variação de temperatura ambiente etc. Logo, adotaremos $h_c = 6{,}23$ m.

Nota – Por experiência e vivência de obras, sabe-se que, em escavação sem escoramento, aumentamos sensivelmente a segurança contra desbarrancamento, escorando apenas a parte superior da escavação, sem aumentarmos muito os custos.*

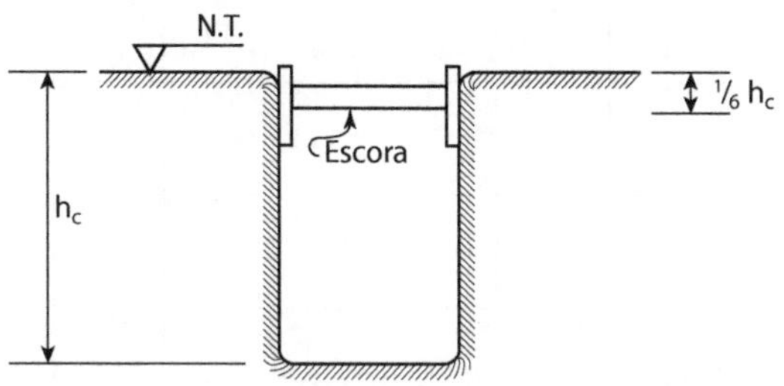

No livro *Da Terra à Lua*, o famoso escritor Julio Verne, autor da Coleção Viagens Maravilhosas, grande sucesso em todo o mundo até meados do século XX, apesar de ter uma excelente assessoria técnica em vários assuntos, inclusive em física, engenharia e geografia, falhou ao descrever o local de onde sairia um foguete em direção à Lua. Ele admite uma escavação em solo argiloso e sem escoramento com dezenas de metros de profundidade. Um solo rochoso permitiria isso, mas em solos não rochosos isso é impossível.

* Este livro é de Tecnologia e, portanto, o cuidado com custos é importantíssimo.

Anote, comente, desenhe...

48 Uso dos materiais areia, argila e silte

Façamos um sumário e uma reapresentação do uso dos materiais areia, silte e argila, os três personagens protagonistas (principais) da Mecânica dos Solos e dos movimentos de terra.

48.1 Areia

As areias provêm da desintegração natural das rochas (intemperismo). As areias provêm, principalmente, de rochas calcáreas e rochas graníticas. Um principal uso das areias é na produção do concreto. Para uso no concreto não servem areias das praias, devido à sua salinidade, e também não servem areias finas de estradas pelo excesso de partículas de pequeno diâmetro (finos). Para uso no concreto, as fontes de areia costumam ser o fundo de rios e as jazidas naturais. Cresce também a importância das areias industriais (chamadas de areias artificiais), resultantes da fragmentação de rochas e separadas em pedreiras.

As areias são usadas também em filtros em saneamento, que são leitos de areia por onde passa água das mais variadas origens e com os objetivos mais variados. O principal uso é para tornar a água potável.

Como se sabe, os tamanhos de grãos que compõem as areias definem suas características e aplicações adequadas. No uso de areias como filtros em estações de tratamento de água impõe-se a seleção dos constituintes da areia. Para medir essa composição foram criados os conceitos de:

Diâmetro (tamanho efetivo): diâmetro D 10 de uma peneira de seleção, que deixa passar 10% em peso de uma amostra de areia. Existe também o diâmetro D 60, que deixa passar 60% em peso de uma amostra de areia.

Coeficiente de uniformidade: é a relação (divisão) D 60/D 10. Os filtros de areia para estações de tratamento de água dividem-se em dois tipos (ver nota 1 sobre filtros no saneamento):

- filtros lentos, com leito de areia de menor porosidade, pois usam areias mais finas, de modo que a vazão de água por metro quadrado a se tratar é menor que nos filtros rápidos;
- filtros rápidos com leito de areia de maior porosidade, devido ao fato de usar areia com granulometria de maiores dimensões. A vazão da água por m^2 que os filtros rápidos conseguem tratar é bem maior que a vazão que pode ser tratada com os filtros lentos. Os filtros rápidos são muito mais usados hoje em dia que os filtros lentos no tratamento de água, porém exigem um prévio tratamento de água por meio de coagulantes e decantadores.

As exigências das areias para cada tipo de filtro são:

Areia para filtros lentos: tamanho efetivo 0,25 mm a 0,40 mm (daí a sua menor porosidade); coeficiente de uniformidade próximo de 2,5.

Areia para filtros rápidos: tamanho efetivo de 0,4 a 0,7 mm; coeficiente de uniformidade de 1,75 a 2,50.

O condicionamento das areias para seus vários usos (vários tamanhos efetivos e coeficiente de uniformidade) demanda peneiramento e lavagem intensa (a fim de retirar as partículas menores chamadas de finos).

Areias como filtros* são usados em maciços terrosos de barragens e em muros de arrimo para evitar o escoamento com as águas de partículas muito finas desse maciço.

48.2 Silte

Material com granulometria entre a da areia e a da argila. O silte pode ser usado em maciços terrosos de barragens e outros usos de menor importância.

48.3 Argila

A argila é considerada a rainha dos materiais naturais, pois é usada desde modo rudimentar, tal como não cozida, em construções de pau a pique, até formas mais

* Filtros para tratamento de águas têm o objetivo de obter água com melhores características para beber (uso potável). Filtros em maciços terrosos têm outro objetivo, completamente diferente. Nesse caso os filtros têm o objetivo de evitar o escoamento da água carregando partículas de solo, partes muito finas desse maciço.

complexas, tal como cozida na fabricação de tijolos comuns. A mesma argila cozida é usada em circuitos de equipamentos eletrônicos e em instalações elétricas como isolante. Há argila em abundância em todos os locais do mundo. Existem vários tipos de argila, sendo o estudo de sua granulometria menos importante que o das areias, pois nas argilas existe o aspecto da forma de seus grãos, que gera vários tipos de argila, cada uma com suas aplicações.

A argila queimada gera a cerâmica de uso geral.

No livro *Robinson Crusoé*, de Daniel Defoe, o náufrago perdido e então solitário em uma ilha deserta do Oceano Pacífico começa a ganhar entusiasmo quando, depois de modelar argila sem maiores objetivos e deixá-la perto do fogo, vê no dia seguinte que o fogo transformou o barro em cerâmica. É assim que o náufrago percebe que está reproduzindo a história da humanidade. A partir daí, ele começa a produzir utensílios de cerâmica, vasos e recipientes capazes de armazenar água e outros produtos.

Máquina de mistura do solo argiloso acionada por um cavalo ou um burro. A mistura com violência dá plasticidade adicional ao solo argiloso. Essa atividade é chamada de amolgamento.

Produção de tijolo comum usando forma de madeira. Na forma existe uma saliência interna com a sagrada marca da olaria.

Moldagem de peça decorativa de cerâmica.

Tijolo comum.

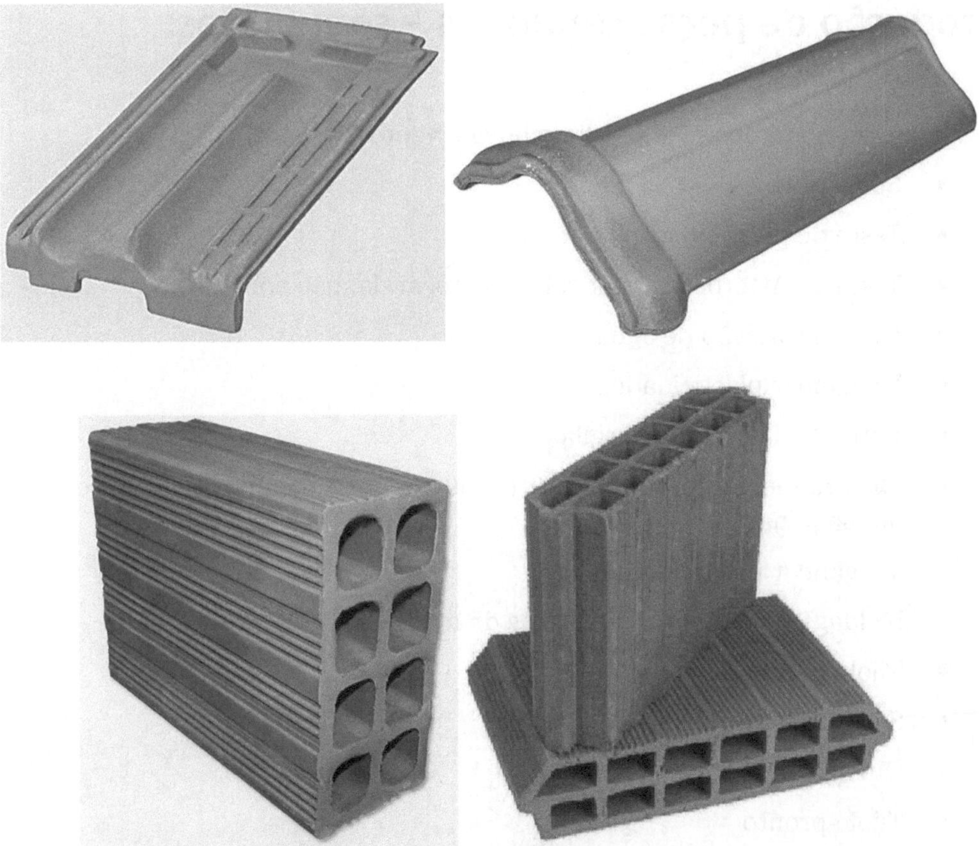

Telhas, cumieiras e blocos cerâmicos.

Forno a lenha para queima do produto cerâmico.

Produção de peças cerâmicas – sequências:

- Rochas
- Ação do tempo, como calor, chuva e vento
- Solo argiloso
- Teste de plasticidade
- Teste de Atterberg: fazer rolinhos, roçar da mão com o solo
- Eventual adição de água
- Vai ganhar plasticidade
- Retirada da jazida de argila
- Mistura mecânica ou humana (pequena porção), ou com o uso de burros ou máquinas
- Vai ganhar plasticidade
- Moldagem com o uso de formas de madeira
- Tijolo úmido
- Secagem natural ao sol
- Queima ao forno
- Tijolo pronto
- Moldagem de panelas artesanais
- Fogueira
- Panela pronta
- Pintura com produto natural
- Moldagem de peças artísticas
- Peça pronta

49 Drenagem e obras de solos

Vale a famosa regra, algo jocosa, mas verdadeira.

Os três maiores amigos das obras de terra são:

Drenagem.

Drenagem.

E* drenagem.

Da bíblia brasileira da drenagem de estradas, o livro *Drenagem de estradas*, do engenheiro Francisco Maia de Oliveira, consta o Boletim Técnico n. 5, da Associação Rodoviária do Brasil. Vamos reproduzi-lo respeitosamente a seguir:

> A ação erosiva das águas superficiais pode modificar o ângulo no qual foi construído o talude, e se o mesmo atingir valor incompatível com a estabilidade do talude, dar-se-á o colapso acomodando-se as terras a um ângulo de repouso natural.
>
> Pode-se afirmar com segurança ser a água a causa predominante dos deslizamentos de terra, e o meio mais eficaz e adequado de combate é a drenagem, que deverá, especificamente em cada caso, ser estudada.
>
> Em geral, o processo consiste em interceptar e afastar as águas superficiais ou subterrâneas antes que elas possam chegar à zona onde haja possibilidades de ocorrer deslizamento de terras.

---

* Um engenheiro construtor ao rever este texto concordou com a extrema importância das obras de drenagem em estradas, mas acrescentou: para se ter uma boa drenagem são necessárias três coisas:
1– Um bom levantamento topográfico.
2– um bom levantamento topográfico.
3– um bom levantamento topográfico.

Uma valeta na parte superior dos taludes, quer de cortes e aterros, afastará rapidamente as águas superficiais dos terrenos adjacentes acima do talude, o qual ficará exposto apenas às águas superficiais que caiam diretamente sobre o mesmo.

A impermeabilização do talude traz a vantagem de, geralmente, evitar a modificação pela erosão, como impedir a infiltração de águas superficiais.

A plantação de gramíneas fixa o solo, aumentando a resistência à erosão, não impedindo, entretanto, a infiltração de água.

Obtém-se uma excelente impermeabilização pelo emprego de emulsão asfáltica, *cut back* ou alcatrão, de preferência aplicados pulverizados por meio de pressão.*

Do livro *Manual técnico de drenagem e esgoto sanitário*, de coautoria do engenheiro José Roberto Hortêncio Romero, publicação da Associação Brasileira dos Fabricantes de Tubos de Concreto (ABTC), consta a impressionante informação sobre a estatística de estradas de terra, a saber:

O Brasil possui aproximadamente 1.725.000 km de estradas distribuídas nas diferentes regiões, das quais mais de 90% não são pavimentadas (DNER).**

As estradas não pavimentadas, portanto de terra, são as que usam as tecnologias mais simples e são altamente erodidas pelas águas de chuva, de modo que são as estradas que exigem maior cuidado com a drenagem, seja do corpo estradal, seja nas regiões limítrofes, inclusive de morros que dela se aproximam. No item sobre drenagem, Romero procura dar critérios de previsão de cuidados com a drenagem de maciços terrosos que se aproximam das estradas de terra.

Na apostila *Terraplenagem*, de 1970, o professor Wlastermiler de Senço recomenda que com as obras de drenagem subterrânea e para casos estradais, o nível do lençol freático fique, no mínimo, 1,5 m abaixo da superfície.***

* OLIVEIRA, F. M. Drenagem de estradas. Boletim Técnico, n. 5. São Paulo: Associação Rodoviária do Brasil, 1947.

** Op. cit. p. 321.

*** SENÇO, W. *Terraplenagem*. S.l.: S.n., 1970. p. 104. (Mimeografado).

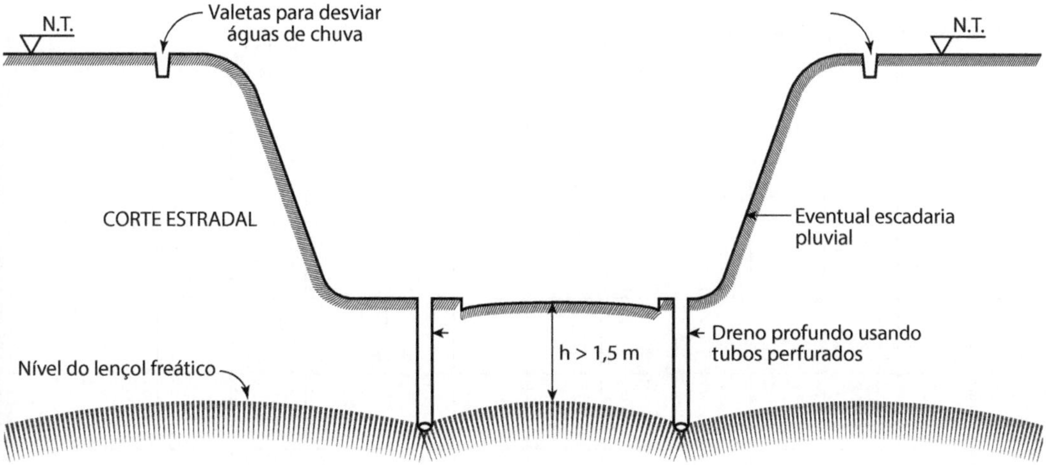

Corte de estrada mostrando vários tipos de drenagem

Anote, comente, desenhe...

50 Gabiões: usos e tipos

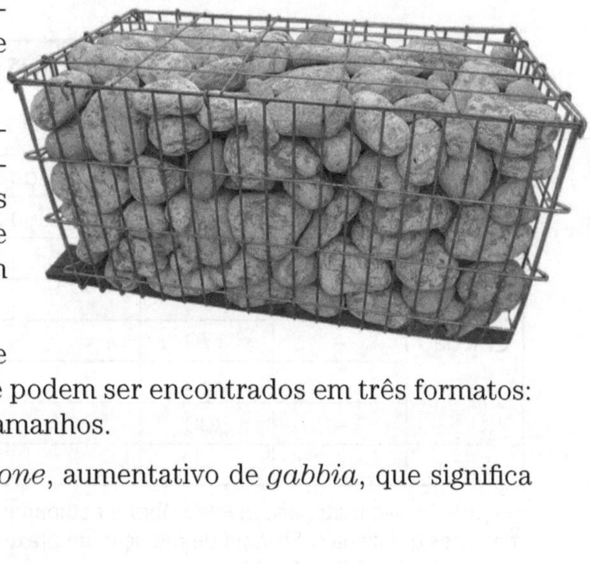

Um gabião ou cestão é um tipo de estruturas armada, flexível, drenante e de grande durabilidade e resistência.

Os gabiões são produzidos com malha de fios de aço doce recozido e galvanizado, em dupla torção, amarradas nas extremidades e vértices por fios de diâmetro maior. São preenchidos com seixos ou pedras britadas.

São utilizados em estabilização de taludes, obras hidráulicas e viárias etc. e podem ser encontrados em três formatos: caixas, colchões, sacos; em diferentes tamanhos.

A palavra provém do italiano *gabbione*, aumentativo de *gabbia*, que significa "gaiola".

Tipos de gabiões

- Os gabiões tipo caixa têm formato de prisma retangular e são mais utilizados na construção de muros de barragem, contenção e canalizações.
  - Comprimento: 1,50 m; 2,00 m; 3,00 m; ou 4,00 m.
  - Largura: 1,00 m.
  - Altura: 0,50 m ou 1,00 m.

- Os gabiões do tipo colchão têm formato de paralelepípedo, com grande comprimento, grande largura e pequena altura, e são utilizados na construção de revestimentos para canais, barragens em terra, escadas dissipadoras e outras. Dimensões padrão:
  - Comprimento: 3,00 m; 4,00 m; 5,00 m; ou 6,00 m.
  - Largura: 2,00 m.
  - Altura: 0,17 m; 0,23 m ou 0,30 m.
- Os gabiões do tipo saco têm formato cilíndrico, são feitos com uma única malha e são mais usados em obras emergenciais, quando as condições locais requerem uma rápida intervenção, ou quando o solo de apoio apresenta baixa capacidade de suporte.
  - Comprimento: 2,00 m ou 3,00 m.
  - Diâmetro: 0,65 m

Contenção de taludes com gabiões – custos					
Tipo	Altura (m)	Espessura (m)	Revestimento	Unid.	R$
Caixa	1,00	–	Liga zinco–5% alumínio	m^3	301,61
	0,50	–	Liga zinco–5% alumínio	m^3	354,33
	0,50	–	PVC	m^3	387,33
	1,00	–	PVC	m^3	325,25
Colchão	–	170	PVC	m^2	251,67
	–	230	PVC	m^2	290,44
	–	300	PVC	m^2	335,19
Saco	–	–	PVC	m^3	351,67

Preço: inclusive materiais, mão de obra e equipamentos. Condições de pagamento: à vista mediante medições quinzenais. Sistema de medição de praxe: medição pelo volume de contenção executado.
Norma técnica: NBR 11.682.
Ref. de data – jun. 2013.

51 Custos de movimento de terras e de terraplenagem em geral

Uma construtora que não seja uma firma especializada em terraplenagem terá que contratar uma firma dessa área para fazer aterros e outras atividades de bota-fora.

Normalmente, a contratação se dá por hora de uso do equipamento, que praticamente sempre é operado por operador da firma proprietária do equipamento, devido à sua complexidade e até em função da "arte de mexer com o solo".

Um dos principais equipamentos de movimento de terra é o caminhão, sempre de propriedade de terceiros e, às vezes, operado por seu próprio dono.

Outro equipamento muito usado para compactação de solos de pequeno vulto é o equipamento mecânico de compactação chamado de "sapo" com as seguintes características:

- acionado por meio de motor elétrico ou a gasolina, com potência de 3 hp;
- custo do aluguel por mês: R$ 680,00.

A seguir dados de custo da *Revista Construção* – Editora Pini, jun. 2013.

Custo horário de equipamentos				
Especificação dos equipamentos e insumos	Unid.	Custo de propriedade manuntenção e operação	Custo da mão de obra (R$)	Custo total (R$)
Bomba de concreto rebocável, diesel, potência 154 HP (115 kW), capacidade 53 m^3/h, vida útil 8.000 h	Hora	106,89	12,18	119,07
Caminhão basculante, diesel, potência 160 HP (119 kW), capacidade de carga útil 7,6 t, caçamba 5 m^3, vida útil 10.000 h	Hora	95,14	12,09	107,23
Caminhão carroceria de madeira, diesel, potência 160 HP (119 kW), capacidade útil 7,6 t, carroceria 5,8 m, vida útil 10.000 h	Hora	90,92	12,09	103,00
Caminhão espargidor com bomba, diesel, potência 160 HP (119 kW), capacidade 6.000 L, vida útil 10.000 h	Hora	162,72	12,09	174,81
Compactador de placa vibratória, gasolina, potência 6 HP (4,5 kW), vida útil 10.000 h	Hora	5,34	10,21	15,55
Escavadeira hidráulica sobre esteiras, diesel, potência 99 HP (74 kW), capacidade 0,84 m^3, vida útil 10.000 h	Hora	84,87	12,18	97,04
Guindaste hidráulico autopropelido sobre pneus, diesel, potência 124 HP (92 kW), capacidade 10 t, vida útil 10.000 h	Hora	165,22	12,18	177,39
Motoescreiper sobre pneus, diesel, potência 265 HP (198 kW), capacidade 13 m^3, vida útil 10.000 h	Hora	407,40	12,18	419,57
Motoniveladora sobre pneus, diesel, potência 125 HP (93 kW), vida útil 10.000 h	Hora	161,70	12,18	173,87
Pá-carregadeira sobre pneus, diesel, potência 114 HP (85 kW), capacidade 2,1 m^3, vida útil 10.000 h	Hora	104,36	12,18	116,54
Pick-up, diesel, potência 133 HP (97 kW), capacidade de carga útil 1 t, vida útil 10.000 h	Hora	25,43	12,09	37,51
Retroescavadeira sobre pneus, diesel, potência 85 HP (63 kW), capacidade 0,24 e 0,88 m^3, vida útil 10.000 h	Hora	67,31	12,18	79,49
Rolo compactador autopropelido estático de pneus, diesel, potência 133 HP (99 kW), peso operacional 8,5 t, vida útil 12.000 h	Hora	79,05	12,18	91,23
Rolo compactador autopropelido vibratório com pneus de tração, cilindro liso de aço, diesel, potência 145 HP (108 kW), peso operacional 9,3 t, vida útil 12.000 h	Hora	96,99	12,18	109,17
Trator de lâmina sobre esteiras, diesel, potência 90 HP (67 kW), capacidade 2 m^3, vida útil 10.000 h	Hora	105,58	12,18	117,76
Trator sobre pneus, diesel, potência 74 HP (55 kW), vida útil 10.000 h	Hora	41,82	12,18	54,00

Preço: mão de obra, inclusive Taxa de Leis Sociais e Riscos do Trabalho (129,34% para São Paulo/Rio de Janeiro e 127,95% para as demais regiões). No cálculo não considerou-se a incidência do BDI, para que a taxa seja adotada em função das especificidade da obra e da empresa construtora, dadas as várias situações de administração do canteiro, administração central, riscos, remuneração do capital e outras contingências. Ferramentas e equipamentos necessários à execução dos serviços, bem como a movimentação de materiais dentro da obra são por conta da firma empreiteira.

Miniescavadeira – locação – custo				
Especificações	**Potência (HP)**	**Capacidade da caçamba (m^3)**	**Unid.**	**Local: São Paulo**
BOB CAT – X 325	30	0,03	hora	82,00

Condições de pagamento: à vista. Entrega/retirada: preço posto locadora. Prazo de entrega: imediato. Sistema de medição de praxe: na medição inclui-se o dia da entrega e devolução na sede da locadora. OBS.: energia elétrica, lubrificantes, filtros, operadores, seguro e transporte estão excluídos do preço.

Motoniveladoras – locação – custo				
	Potência		**Unid.**	**Local: São Paulo**
	140		hora	130,00
	155		hora	130,00

Condições de pagamento: à vista. Entrega/retirada: preço posto locadora. Prazo de entrega: imediato. Sistema de medição de praxe: na medição inclui-se o dia da entrega e devolução na sede da locadora. OBS.: energia elétrica, lubrificantes, filtros, operadores, seguro e transporte estão excluídos do preço.

Motoniveladoras sobre pneus – venda – custo				
Especificações	**Potência**		**Unid.**	**Local: São Paulo**
Diesel	125		unidade	552.479,00

Condições de pagamento: à vista. Entrega/retirada: preço do equipamento posto fábrica. Prazo de entrega: a combinar.

Terraplenagem – escavação e aterros – mão de obra – custo		
Especificações	**Unid.**	**Local: São Paulo**
Apiloamento com nivelamento de terreno	m^2	12,01
Compactação de aterro	m^3	3,53
Escarificação, escavação e remoção de terra até 1 km	m^3	13,78
Espalhamento de terra em camadas no aterro utilizando trator sobre esteiras, distância até 30 m	m^3	1,06

Preço: mão de obra, inclusive Taxa de Leis Sociais e Riscos do Trabalho (129,34% para São Paulo/Rio de Janeiro e 127,95% para as demais regiões). Adotamos o BDI = zero nos serviços acima calculados com base no livro TCPO – Tabela de Composições de Preços para Orçamento, 12ª edição, para que a taxa seja adotada em função das especificidades da obra e da empresa construtora, dadas as várias situações de administração do canteiro, administração central, riscos, remuneração do capital e outras contingências. Ferramentas e equipamentos necessários à execução dos serviços, bem como a movimentação de materiais dentro da obra são por conta da firma empreiteira. Condições de pagamento: escavação, reaterro apiloado e nivelamento R$8,60 h/$m^3$. Sistema de medição de praxe: volume medido na vala e apiloamento, área de terreno apiloada. Norma técnica: NBR 5.681.

Muros de arrimo – serviço – custo			
Especificações	**Altura**	**Unid.**	**Local: São Paulo**
Muro de arrimo de solo reforçado com paramento de gabião contínuo	3,00	m^2	291,13

Preço: inclusive materiais, mão de obra e equipamentos. Condições de pagamento: fatura 28 dias. Sistema de medição de praxe: área de face executada (m^2).

Anote, comente, desenhe...

52 A polêmica obra de execução de um grande aterro: problemas na utilização de material de empréstimo para compactação, necessidade de dupla autorização (hoje, no mínimo, tripla autorização), o surpreendente caso da argila boa demais

Um órgão estatal decidiu construir uma barragem de terra para regularizar a vazão de um rio de médio porte (algo como uma vazão na seca de uns... 30 m^3/s). O terreno de localização da obra foi desapropriado, assim como o terreno do canteiro de obras e os terrenos de acesso ao local da obra. Seria uma barragem usando solos, e foi procurado um local distante uns cinco quilômetros do local da obra e que também seria desapropriado. A fim de saber se esse terreno tinha um solo adequado para ser a chamada área de empréstimo (quando deveria se chamar área de cessão, pois solo de aterro não se devolve), foram feitos exames topográficos, ensaio de solos com o objetivo de descobrir se o solo era adequado para, depois de cuidadosamente compactado, ser o corpo da barragem, e determinação topográfica da profundidade da camada de solo a usar.

Segundo relatórios da engenharia, tudo estava em ordem, ou seja, o terreno e seu solo eram adequados. Esse terreno adequado era parte de uma velha fazenda pouco usada, mas cortada por uma estrada estadual de média qualidade. Fato era que o terreno era particular, e a direção do órgão estatal procurou o dono da fazenda propondo a compra do terreno e uma faixa de acesso do terreno com solo adequado até a estrada estadual. Tudo parecia ir a contento, e o órgão estatal sabia que, se o dono do local quisesse pedir dinheiro demais por sua terra, poderia pedir a desapropriação das terras e sua ocupação imediata.

Mas o caso ganhou rumores, e o relatório técnico que dizia que o solo era adequado para servir de aterro a ser compactado omitiu a informação de que o solo era argiloso, e de uma argila rara e muito adequada para olarias e indústrias cerâmicas de telhas e blocos, e até argila sofisticada para uso em equipamentos médicos e eletrônicos.

O órgão estatal, orientado pelo seu departamento jurídico e antes de dar o sinal da compra do terreno, dirigiu-se ao Ministério de Minas e Energia a fim de verificar se existiam outras exigências para a utilização do solo argiloso e descobriu várias surpresas inacreditáveis... Preparemo-nos para saber o que nem todos sabem. Ao contatarem o Ministério de Minas e Energia, descobriram que havia um turbilhão de discussões especificamente sobre aquela área fazia um mês. Ocorre que um outro cidadão, com base na legislação sobre propriedade do subsolo, que é sempre propriedade do governo federal (União), fez um pedido de lavra no local, dotado de uma bela riqueza mineral, que é justamente essa argila maravilhosa. Vale notar que o dono da fazenda, apesar de dono da área, não é dono de nenhuma das riquezas minerais que ela eventualmente possua (petróleo, minério de ouro ou algum outro mineral) e que qualquer cidadão pode pedir ao governo federal o direito de lavra em tal local sem pagar nada ao infeliz proprietário da área.

Claro que o dono da fazenda decidiu protestar juridicamente, pois achava que a argila era sua e que a exploração (retirada de argila) iria estragar sua fazenda. Há dezenas ou centenas de casos assim, e a melhor solução é que seja feito um acordo com o velho proprietário da velha fazenda, que não sabia da riqueza que tinha, e com o vivaldino que soube do resultado da prospecção geotécnica e reivindicou para si o direito de lavra, que, possivelmente, renderá mais que o uso agrícola pastoril da fazenda.

O órgão estadual, que queria usar a argila para fazer o aterro da barragem teve, então, que fazer acordo com os dois proprietários, o dono fazenda e o dono (requerente) do uso da lavra.

Deve-se notar que maciços rochosos também são de propriedade da União, e não do dono da gleba onde se situam. Se esses maciços rochosos forem de granito ou mármore e forem fáceis de cortar (aspecto ligado ao custo de beneficiamento), podem valer então fortunas.

Além disso, o órgão estatal foi alertado para o terceiro fato de que precisaria de autorização das entidades ligadas ao meio ambiente para fazer a escavação protegendo a região, e que se na região existissem sambaquis (cemitérios indígenas com restos de utensílios da época do sepultamento), novas autorizações teriam que ser conseguidas, e os sambaquis teriam que ser preservados sem modificações.

Referências

Testes e normas usadas na caracterização geotécnica do local:

- Preparação das amostras para ensaios NBR 6.457/86
- Análise granulométrica NBR 7.181/84
- Limite de liquidez NBR 6.459/84
- Limite de plasticidade NBR 7.180/84
- Compactação NBR 7.182/86
- Índice de Suporte Califórnia NBR 9.895/87

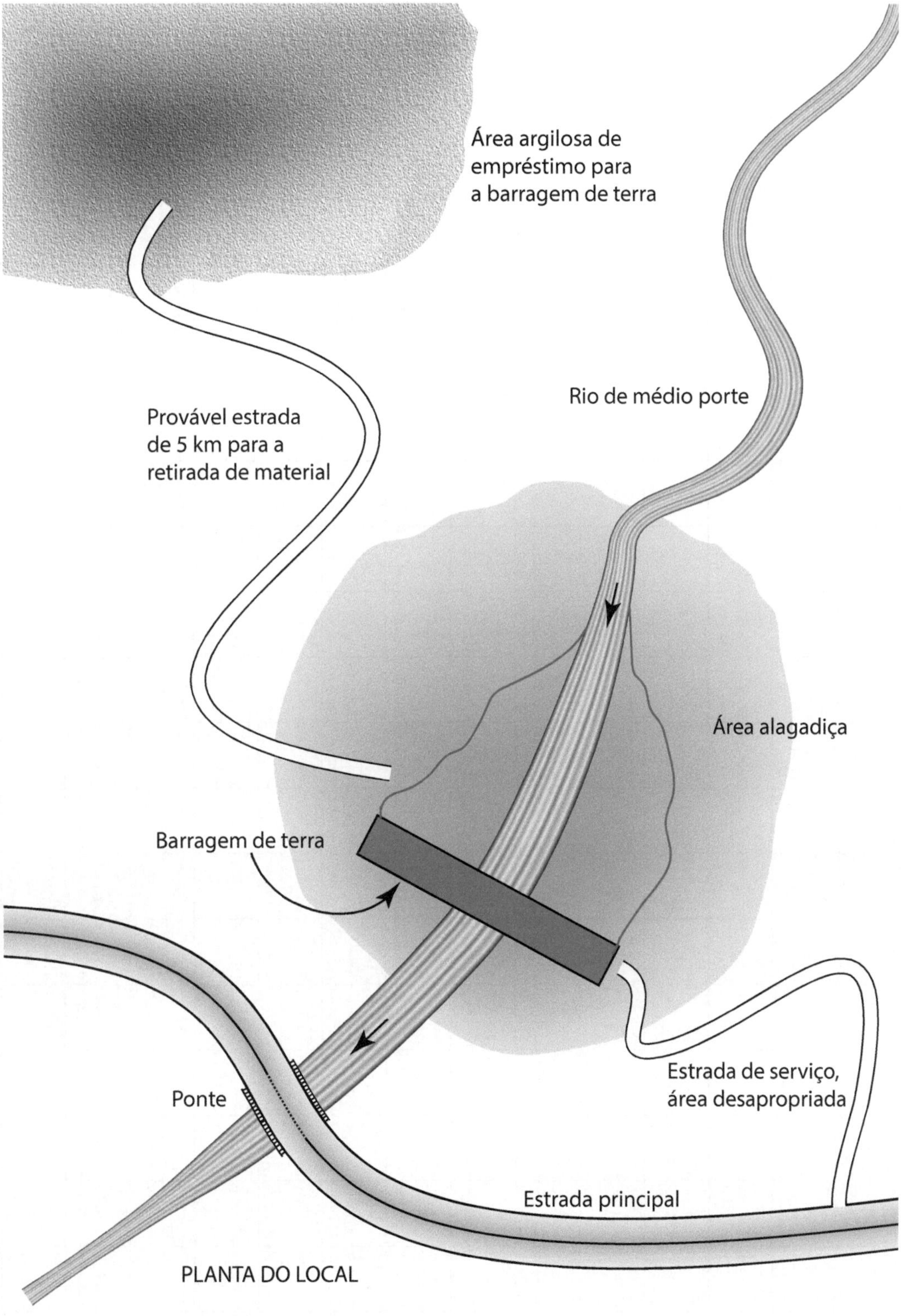
Área argilosa de
empréstimo para
a barragem de terra
Rio de médio porte
Provável estrada
de 5 km para a
retirada de material
Área alagadiça
Barragem de terra
Estrada de serviço,
área desapropriada
Ponte
Estrada principal
PLANTA DO LOCAL

Anote, comente, desenhe...

53 O aterro sanitário, uma obra de solos e de meio ambiente: recomendações da Cetesb

A seguir transcrevemos as recomendações da Cetesb para aterros sanitários.*

Definições

O Aterro Sanitário é um aprimoramento de uma das técnicas mais antigas utilizadas pelo homem para descarte de seus resíduos, que é o aterramento. Modernamente, é uma obra de engenharia que tem como objetivo acomodar no solo resíduos no menor espaço prático existente, causando o menor dano possível ao meio ambiente ou à saúde pública.

Essa técnica consiste basicamente na compactação dos resíduos no solo, na forma de camadas que são periodicamente cobertas com terra ou outro material inerte.

Ainda que sendo o método sanitário mais simples de destinação final de resíduos sólidos urbanos, o aterro sanitário exige cuidados especiais e técnicas específicas a serem seguidas, desde a seleção e preparo da área até sua operação e monitoramento.

Atualmente, os aterros sanitários vêm sendo severamente criticados porque não têm como objetivo o tratamento ou a reciclagem dos materiais presentes no lixo urbano. De fato, os aterros sanitários são uma forma de armazenamento de lixo no solo, alternativa que não pode ser considerada a mais indicada, uma vez que os espaços úteis à essa técnica tornam-se cada vez mais escassos. Porém, deve-se considerar que a maioria dos materiais utilizados pelo homem, na realidade, são combinações de várias substâncias trazidas dos mais diferentes pontos do planeta. Assim, recuperar

* Ver: <www.cetesb.gov.br>.

todos os materiais utilizados é praticamente impossível, seja por motivos de ordem técnica ou econômica.

Outras questões ainda devem ser consideradas. Os métodos de acondicionamento e coleta adotados pela maioria das cidades resultam na mistura de materiais que, dificilmente, são separados pelos processos de triagem atualmente utilizados. Como consequência, tanto as "usinas de compostagem" quanto as técnicas de "coleta seletiva" geram rejeitos que, obrigatoriamente, devem ser descartados. Mesmo os incineradores, que, em tese, reduzem o volume dos resíduos de 5% a 15% do volume original, geram escórias e cinzas que precisam ser descartados em aterros.

Teoricamente, a maioria desses rejeitos também pode ser reciclada. Na prática, não é o que ocorre. Os fatores de ordem técnica e econômica inviabilizam grande parte dos processos, deixando como alternativa o descarte em aterro. Não se pode desprezar também a realidade dos países do terceiro mundo. Nem sempre a comunidade dispõe de recursos suficientes para a implantação e operação de técnicas para o tratamento de seus resíduos.

Desta forma, o aterro sanitário não deve ser considerado como um vilão, ou como uma técnica ultrapassada dentro dos processos de proteção ambiental, mas como a saída atualmente empregada para o descarte disciplinado de resíduos no solo.

O objetivo principal do aterro sanitário é o de melhorar as condições sanitárias relacionadas aos descartes sólidos urbanos, evitando os danos da sua degradação descontrolada. Os aterros podem ser divididos em diferentes tipos:

- ***Aterro convencional:** formação de camadas de resíduos compactados, que são sobrepostas acima do nível original do terreno, resultando em configurações típicas de "escada" ou de "troncos de pirâmide";*
- ***Aterro em valas:** o uso de trincheiras ou valas visa facilitar a operação do aterramento dos resíduos e a formação das células e camadas; assim sendo, tem-se o preenchimento total da trincheira, que deve devolver ao terreno a sua topografia inicial.*

O aterro sanitário deve operar de modo a fornecer proteção ao meio ambiente, evitando a contaminação das águas subterrâneas pelo chorume (líquido de elevado potencial poluidor, de cor escura e de odor desagradável, resultado da decomposição da matéria orgânica), evitando o acúmulo do biogás resultante da decomposição anaeróbia do lixo no interior do aterro. O biogás pode sair do interior do aterro de forma descontrolada ou infiltrar pelo solo e atingir redes de esgotos, fossas e poços rasos, podendo causar explosões.

A seguir são listadas algumas das principais características do aterro:

- ***Impermeabilização da base do aterro:*** *evita o contato do chorume com as águas subterrâneas. A impermeabilização pode ser feita com argila ou geomembranas sintéticas.*
- ***Instalação de drenos de gás:*** *canal de saída do gás do interior do aterro. Os drenos podem ser construídos de concreto ou de PEAD, podendo receber uma conexão final de aço-inóx quando a célula for fechada. O biogás pode ser recolhido para o aproveitamento energético por meio da ligação de todos os drenos verticais com um ramal central.*
- ***Sistema de coleta de chorume:*** *a coleta de chorume deve ser feita pela base do aterro. O chorume coletado é enviado a lagoas previamente preparadas com impermeabilização do seu contorno ou enviados para tanques de armazenamento fechados.*
- ***Sistema de tratamento de chorume:*** *após coletado, o chorume deve ser tratado antes de ser descartado no curso de um rio ou em uma lagoa. O tratamento pode ser feito no próprio local, ou o chorume coletado pode ser transportado para um local apropriado (geralmente uma Estação de Tratamento de Esgotos). Os tipos de tratamento mais convencionais são o tratamento biológico (lagoas anaeróbias, aeróbias e lagoas de estabilização), tratamento por oxidação (evaporação e queima) ou tratamento químico (adição de substâncias químicas ao chorume).*
- ***Sistema de drenagem de águas pluviais:*** *o sistema de captação e drenagem de águas de chuva visa escorrer a água por locais apropriados para evitar a infiltração que gera o chorume.*

Além da operação, o aterro deve contar com unidades de apoio, como acessos internos que permitam a interligação entre os diversos pontos do aterro, portaria para controlar a entrada e a saída de pessoas e caminhões de lixo e isolamento da área para manutenção da ordem e do bom andamento das obras.

Nota de M. H. C. Botelho

Na opinião deste autor, o uso da técnica do aterro sanitário, com todos os seus cuidados com o meio ambiente, e o uso do aterro mais simples (portanto o que atende minimamente o desejável) estão ambos condenados como solução de curto ou médio prazo, pois vão se enchendo, suas áreas ficam depois de cheias sem outro uso possível (nem pensar em construir edificações sobre elas), e novas áreas terão que ser procuradas. Essas novas áreas serão sempre mais distantes, e o custo do transporte crescerá. Um município construir um aterro de lixo em outro município não é uma possibilidade, e a própria população das imediações de um local escolhido para vir a ser um novo aterro sanitário lutará contra sua localização.

Tenhamos coragem de afirmar que a única solução, além dos cuidados de economia de embalagens que vão para o lixo, técnicas de recuperação de produtos, como fazemos com alumínio, ferro, papel, tecidos e alguns plásticos, será a incineração. Como analogia, vale pensar que, em vários países, não se constroem novos cemitérios, sendo todos os corpos mortos enviados para a cremação. E o destino do lixo deve ser a incineração. Quando se instalou no Brasil o primeiro crematório para cremar cadáveres, eram necessários para cada cremação muitos documentos e formalidades. Com o tempo, a cremação de cadáveres passou a ser rotina, sem outras grandes exigências.

E os aterros sanitários geram um tipo de "suor" proveniente da decomposição do lixo que se torna parcialmente líquido. É o chamado chorume, mais poluidor que o esgoto sanitário. Esse chorume deveria ser tratado biologicamente, por exemplo, em lagoas de estabilização antes de ser disposto em um curso de água.

A grande vantagem do uso da incineração, seja na incineração de produtos ou na cremação, é que o volume de cinzas resultantes é extremamente reduzido em relação ao volume inicial do material a dispor.

54 Um caso de uso do empuxo passivo em uma adutora enterrada de água

Um aspecto interessante explica o uso do empuxo passivo em linhas adutoras de fluidos, como adutoras enterradas de água.* Toda a linha adutora é construída pela união de tubos, seja por flanges, solda ou ponta e bolsa, e dentro do tubo está o líquido com pressão.

O uso de flanges** restringe-se a locais onde haverá muita montagem e desmontagem de tubos, como dentro de uma casa de bombas. É a solução mais cara, mas de maior flexibilidade operacional. Fora da casa de bombas, ou seja, ao longo da linha adutora, não se prevê montagens e desmontagens. Usam-se, então, ligações com solda (caso de tubos plásticos) ou ligações com ponta e bolsa (tubos de ferro fundido, por exemplo). Fora das casas de bomba a adutora normalmente é enterrada em vala que depois é preenchida de solo compactado. Mas as adutoras não têm traçado em linha reta. Elas têm curvas planas, curvas verticais, curvas inclinadas. Surge aí um problema, pois ao desviar a direção do líquido passante com pressão nas curvas, acontecem esforços de rompimento da adutora. Poderíamos usar curvas com flanges, já que os flanges resistem, porém eles são caros. A solução então é que nas curvas haja um solo resistente (solo compactado), de modo que quando a peça curva tentar se soltar ela force o solo compactado e surja então como reação o empuxo passivo. Logo, é o empuxo passivo que dá unidade à tubulação nos seus trechos curvos enterrados. Cuidados devem ser tomados para que esse empuxo passivo funcione – para isso temos que ter um solo bem compactado.

Às vezes, quando uma adutora passa por cima de um rio e junto a uma ponte, nas curvas podemos ter blocos de ancoragem, peça que também existe dentro de casas de bomba. Fora isso, quem responde nas partes curvas enterradas de adutoras é o empuxo passivo do solo, empuxo que é uma reação ao terreno que foi empurrado.

---

* Se fosse um oleoduto seria a mesma situação.

** Flange é uma peça metálica (normalmente de aço) ligada a outro flange por parafusos.

Anote, comente, desenhe...

55 Listagem de normas oficiais relacionadas com movimento de terra

As normas a seguir, de muito bom nível, são públicas e podem ser obtidas nos *sites* das instituições listadas. Passemos a elas.

Departamento de Estradas de Rodagem do Paraná:

DER/PR ES – T 06/05 Terraplenagem e aterros

Normas do DNIT:*

DNER-ES 039/71 – Muros de arrimo

DNER-ES 044/71 – Revestimento de taludes com solo-cimento

DNIT 015/2006 – Drenagem – Drenos subterrâneos

DNIT 016/2006 – Drenagem – Drenos subsuperficiais

DNIT 017/2006 – Drenagem – Dreno sub-horizontal

DNIT 018/2006 – Drenagem – Sarjetas e valetas de drenagem

DNIT 019/2004 – Drenagem – Transposição de sarjetas e valetas

DNIT 020/2006 – Drenagem – Meios-fios e guias

DNIT 021/2004 – Drenagem – Entradas e descidas d'água

DNIT 022/2006 – Drenagem – Dissipadores de energia

DNIT 023/2006 – Drenagem – Bueiros tubulares de concreto

---

* DNIT – órgão federal: Departamento Nacional de Infraestrutura de Transportes.

DNIT 024/2004 – Drenagem – Bueiros metálicos executados sem interrupção do tráfego

DNIT 025/2004 – Drenagem – Bueiros celulares de concreto

DNIT 026/2004 – Drenagem – Caixas coletoras

DNIT 027/2004 – Drenagem – Demolição de dispositivos de concreto

DNIT 028/2004 – Drenagem – Limpeza e desobstrução de dispositivos de drenagem

DNIT 029/2004 – Drenagem – Restauração de dispositivos de drenagem danificada

DNIT 030/2004 – Drenagem – Dispositivos de drenagem pluvial urbana

DNIT 071/2006 – Tratamento ambiental de áreas de uso de obras e do passivo ambiental de áreas consideradas planas ou de pouca declividade por vegetação herbácea

DNIT 072/2006 – Tratamento ambiental de áreas de uso de obras e do passivo ambiental de áreas íngremes ou de difícil acesso pelo processo de revegetação herbácea

DNIT 073/2006 – Tratamento ambiental de áreas de uso de obras e do passivo ambiental de áreas consideradas planas ou de pouca declividade por revegetação arbórea e arbustiva

DNIT 074/2006 – Tratamento ambiental de taludes e encostas por intermédio de dispositivos de controle de processos erosivos

DNIT 075/2006 – Tratamento ambiental de taludes com solos inconsistentes

DNIT 080/2006 – Preparação de superfícies de concreto: apicoamento e jateamentos

DNIT 081/2006 – Remoções no concreto

DNIT 082/2006 – Furos no concreto para ancoragem de armaduras

DNIT 083/2006 – Tratamento de trincas e fissuras

DNIT 084/2006 – Tratamento da corrosão

DNIT 086/2006 – Recuperação do sistema de drenagem

DNIT 092/2006 – Juntas de dilatação

DNIT 096/2006 – Drenagem – Bueiros de concreto tipo minitúnel sem interrupção do tráfego

DNIT 102/2009 – Proteção do corpo estradal – Proteção vegetal

DNIT 103/2009 – Proteção do corpo estradal – Estruturas de arrimo com gabião

DNIT 104/2009 – Terraplenagem – Serviços preliminares

DNIT 105/2009 – Terraplenagem – Caminhos de serviço

DNIT 106/2009 – Terraplenagem – Cortes

DNIT 107/2009 – Terraplenagem – Empréstimos

DNIT 108/2009 – Terraplenagem – Aterros

DNIT 120/2009 – Pontes e viadutos rodoviários – Formas

DNIT 137/2010 – Pavimentação – Regularização do subleito

As normas do antigo DNER (substituído pelo DNIT):

DNER ME 129/94 – Ensaio de compactação

DNER ME 49/94 – Ensaio de Suporte Califórnia

Norma da Secretaria de Estado da Infraestrutura do Estado de Santa Catarina:

IN-07/94 – Instruções normativas para execução de sondagem rotativa

Consultar também as normas da ABNT:

NBR 9.732 – Projeto de terraplenagem rodoviária

NBR 7.182/86 – Compactação

NBR 9.895/87 – Índice de Suporte Califórnia

NBR 6.457/86 – Preparação das amostras para ensaios

NBR 7.181/84 – Análise granulométrica

NBR 6.459/84 – Limite de liquidez

NBR 7.180/84 – Limite de plasticidade

Anote, comente, desenhe...

56 Crônicas

Técnicas históricas da produção de tijolos e especificamente da produção de panelas de barro em Vitória (ES) usando argila.

Vamos relatar as técnicas históricas da produção de tijolos nas olarias e de panelas de barro, com ênfase nas panelas de barro de Vitória (ES).

Essas técnicas persistem até hoje.

Produção de tijolos comuns

Acredita-se que existam no Brasil mais de mil olarias empregando técnicas de quase quatro mil anos atrás. A Construção Civil, tanto para pequenas obras como para obras maiores, por vezes usa esses tijolos produzidos por meio de técnicas milenares.

A produção desses tijolos começa com a escolha da jazida de argila (barro). Essa escolha se dá com base na transmissão boca a boca de técnicas que se apoiam em aspectos visuais da argila e em testes sumários de plasticidade, como o teste de Atteberg, no qual se modelam rolinhos umedecidos ou não do solo em análise. Se o solo apresenta-se moldável, está escolhido. A jazida foi aceita. Uma das maiores olarias do Brasil, que pelo seu porte e sofisticação um dia fechou as portas, e por uma única razão. De tanto extrair argila, a argila acabou, e como o valor do tijolo no mercado, ou de outros produtos cerâmicos, é reduzido, não interessava ir buscar argila em locais mais distantes.

Aceita tecnologicamente uma jazida, o caminho correto é pedir seu direito de lavra junto ao Ministério de Minas e Energia. Conseguido o direito de lavra, constrói-se a olaria com uma casa para o empregado e sua família, trabalhador esse que tem o título de "oleiro". Quando se trata de uma olaria primitiva constrói-se também o futuro forno, compra-se um cavalo ou burro que irá amassar a argila, fazem-se as formas de madeira com o símbolo saliente com o nome da olaria. Retira-se a argila, que é enviada a um misturador mecânico rudimentar que gira e mistura a argila, tudo isso graças à energia do cavalo ou burro que trabalha sem parar. É feita, se for necessária, a adição de água vinda de um poço ou de algum córrego das imediações. Essa mistura dá uma plasticidade adicional à argila. Do misturador a argila misturada e com um bom teor de água vai para o local onde será colocada uma a uma em formas de madeira, gerando individualmente os tijolos. Quem faz essa moldagem na forma é o oleiro. Uma argila boa faz bons tijolos crus e que costumam grudar nas formas. Para evitar isso, antes de receber a argila as formas recebem o lançamento de areia ou de argila seca, a fim de impedir a adesão da argila à forma, o que poderia gerar tijolos crus com falhas. Os tijolos crus resultantes da moldagem deveriam ir para os fornos, mas devido à alta umidade da argila usada precisam secar antes de ir aos fornos, para não trincar nos fornos alimentados por lenha. Assim, os tijolos crus, para não sofrerem muito com as chuvas, são armazenados ao tempo e cobertos por ramagens ou, mais modernamente, lençóis plásticos. Sob a luz solar e pela ação do calor, vão perdendo lentamente sua umidade. Depois de perderem naturalmente sua umidade excessiva para poderem ser queimados, os tijolos crus são enviados aos fornos alimentados pela queima de madeira comum, onde ficam queimando por vários dias. Quando alcançam o ponto ideal, cuja detecção depende da visão e experiência do mestre oleiro (oleiro experiente), os tijolos são retirados do forno e postos para esfriar. Eles já estão prontos para serem vendidos diretamente pelo dono da olaria para construtoras, ou para depósitos de material de construção.

Muitas vezes, auxiliam o oleiro na sua faina de produzir tijolos, sua esposa e seus filhos menores. Dura realidade brasileira...

Produção de panelas de barro em Vitória (ES)

Em Vitória (ES) existe uma tradição de produção de panelas de barro, modeladas por via estritamente manual. A panela de barro úmido vai para uma fogueira, onde vira um produto cerâmico, e tem como destino principal ser usada para servir nas refeições a famosa moqueca capixaba, mistura de peixe e farinhas. A moqueca capixaba é tombada como parte do patrimônio cultural capixaba. Diz a tradição que moqueca verdadeira tem que ser produzida em Vitória, Espírito Santo, e servida em panelas de barro.

A crônica da porcentagem de solos. Polêmica sobre a classificação do material trabalhado para a construção de uma estrada de pequeno porte (vicinal)

A composição granulométrica de um material da terra a ser trabalhado é uma expressão técnica que define a classificação dos componentes desse material, a saber:

- areia;
- silte;
- argila.

E, às vezes, nesse material da natureza encontramos também rochas, mais ou menos divididas pelo intemperismo (ação da variação de temperatura, do vento, lixiviação pelas águas correntes etc). Quando da construção de uma estrada e de seu sempre obrigatório movimento de terra, é muito comum que a remuneração da firma de terraplenagem pelo seu trabalho seja feita por preços unitários, sendo que os maiores preços unitários são os de remoção de rochas, depois remoção de solo argiloso duro, depois solo siltoso e, por fim, solo arenoso, o mais fácil de ser trabalhado (pois não tem coesão). Portanto, o contratante paga o menor dos preços unitários pela sua remoção (em reais por metro cúbico). Mas atenção: o solo arenoso causa na lâmina de trabalho de um trator um desgaste maior por causa do atrito resultante do roçar entre areia e aço.

O problema está quando vai haver a medição do trabalho e o fiscal da obra precisa emitir uma opinião que defina qual a porcentagem de cada parte do material removido. Essa atividade de medição e classificação do material acontece mensalmente, ou a cada duas semanas.

Vamos contar uma história: uma prefeitura estava implantando uma estrada vicinal (de pequeno porte), e para o movimento de terra contratou uma firma de terraplenagem usando o pagamento pelo citado sistema de preços unitários.

Por simplicidade ou falta de apoio técnico, o contrato dizia que o material se classificava em:

- material A – material mole;
- material B – material de média dificuldade de trabalho;
- material C – material de maior dificuldade de trabalho; e
- material D – material de extrema dificuldade de trabalho.

O grande problema está no fato de que o critério de pagamento dependia da opinião técnica do engenheiro fiscal da prefeitura. Não é fácil classificar na obra centenas e centenas de metros cúbicos de material que, durante duas semanas ou um mês, foram movimentados. Sempre existe a opinião do fiscal na classificação do material trabalhado, que gerará um pagamento maior ou menor para a firma de terraplenagem. O engenheiro da firma de terraplenagem, como é natural, gostaria que a maior parte do material trabalhado fosse classificado como Material D, de maior valor no contrato de terraplenagem, e o de mínimo valor como Material A, como mostrado na tabela a seguir. Isso é um fato humano.

A tabela seguinte é um exemplo da classificação desejada pela firma de terraplenagem. Nesse exemplo, temos uma medição tipo "néctar dos deuses", pois o Material D, o de remoção mais custosa, tem a maior porcentagem, gerando, portanto, uma remuneração maior.

Classificação do material removido	
Tipo de material	Porcentagem encontrada
Material A	10%
Material B	15%
Material C	21%
Material D	54%
Total	100%

Voltemos à obra do município citado. Eis que chegou o dia em que o engenheiro fiscal foi à obra fazer a medição e classificação do material trabalhado. A expectativa era grande. Primeira surpresa desagradável: quem viria fazer a medição era um engenheiro fiscal duro e implacável, famoso por fazer medições e classificações que sempre geravam a menor remuneração possível para a firma de terraplenagem. O dito cujo chegou à obra, fez saudações apenas formais e foi fazer a medição e classificação. O aspecto da medição de volume do material terraplenado não gerava maiores problemas, pois baseava-se nos dados topográficos da fase de projeto, algo menos polêmico. Definido o volume total medido e a ser pago, agora a questão era como classificar esse material.

Desgraça pouca é bobagem: o engenheiro fiscal passou à classificação, e ela começou péssima. Vejamos o que o engenheiro fiscal classificou inicialmente:

"Material A – 45%". Catástrofe da catástrofe. Esse item, por se tratar de material de baixo valor de remoção, iria gerar uma mínima remuneração. E veio a segunda catástrofe: "Material B – 25%". E veio a terceira catástrofe: "Material C – 15%". E veio a quarta e última catástrofe: "e nada mais!".

Aplicando-se esses dados à tabela, resultava:

Tipo de material	Porcentagem encontrada
Material A	45%
Material B	25%
Material C	15%
Material D	Nada
Total	85%?!

Impasse na obra. Felizmente, a mãe Matemática e a deusa Minerva, padroeiras da engenharia e da tecnologia, foram chamadas e concederam do alto do seus saberes que o Material D tinha de ser, por razões maiores e sagradas, de 15%.

A orientação das duas respeitadas senhoras, embora não prevista no contrato, foi acatada. Chegamos a um final ligeiramente menos doloroso para essa história.

O que as duas "patronesses" extracontratuais nunca conseguiram entender foi a frase lamuriosa do engenheiro da firma de terraplenagem: "O material D teria que ser no mínimo de 25%".

Ou seja, a porcentagem encontrada no total da tabela daria, na opinião isenta (?) desse engenheiro da firma de terraplenagem, 110%!

Coisas da vida... Convenhamos, acima dos números reais, existem os números comerciais...

Diálogos com Alex, ou problemas da aplicação do Método de Hilf no controle da compactação de aterros*

Alex é um engenheiro de movimento de terras. Por profissão ou devoção abre estradas, aplaina morros, constrói diques, cava e escava o solo e a terra se move, se transforma e roda e gira e assenta e descansa. Sob seu comando, máquinas abrem

* Publicado no jornal O Estado de São Paulo, Suplemento Literário, ano de 1975.

e escarificam o terreno, transformam várzeas em colinas, elevações em planícies. E as máquinas atendem a todos os desejos de Alex, onde cortar, onde transportar a terra lançando-a livre ao léu ou amontoando-a de forma comportada e compactada de molde a construir um aterro, uma barragem.

Como um semideus, Alex não tem chefe, não escuta ordens. Obedece apenas a um detalhado e exíguo cronograma de obra. Um colega perguntou:

– Alex, você que já fez tanta obra de terra, que já sulcou, escavou e remexeu tanto terreno, você nunca encontrou nada assim de diferente, de não corriqueiro, soterrado debaixo de tamanhas massas de terra?

– Bom, quanto mais se escava, mais se afasta do terreno superficial que sofreu ação do intemperismo...

– Não, não, você não entendeu, estou falando de algo assim como restos pré-históricos, cemitérios indígenas ou restos de outras civilizações. Eu sempre percebi que em países cultos esse tipo de achado é muito comum, bem mais comum e frequente que em outros países.

– Já sei do que você está falando. Corpos estranhos ao solo da escavação. Felizmente nada de importante aconteceu comigo. Você sabe, se a a gente encontrasse algo que pudesse ser importante com certeza teria de parar as obras de escavação. E o meu cronograma de obra? Quem pagaria as máquinas paradas?

– Você nunca encontrou nada, ou nada de importante?

– Nada de importante. Só uma vez, na construção de um açude na Paraíba, em uma área da qual se tirava argila para a construção foi encontrado algo.

– Sambaqui, ou seja, um cemitério indígena? Não, não, parece que os sambaquis surgem principalmente em solos arenosos.

– Que o terreno não era arenoso tenho a certeza, era um terreno argiloso. Aliás no laboratório nós levantamos a curva tensão-deformação do material.

– Afinal, o que é que vocês acharam?

– Não me lembro exatamente o que era. Parece que eram restos de um antigo acampamento indígena, mas velho, muito velho. Se não me engano havia esqueletos e urnas. Lembro-me que estávamos começando uma nova frente de escavação. Era no início de uma semana. Segunda ou terça-feira. Tinha chovido muito durante o fim de semana, o terreno estava péssimo para o trabalho.

– E quando avisaram do achado você não correu para ver o que era?

– Passados alguns anos é difícil de entender o que sucedeu. Na época eu era o chefe da obra e o responsável por tudo, da parte técnica e administrativa. Era no início da semana, que é o pior momento para ocorrer essas coisas anormais. Nesses dias eu tinha que providenciar tudo. Eu não saía do escritório por nada. Tínhamos que aproveitar o dia inteiro. Era quando aprovávamos as medições dos empreiteiros da obra e programávamos o trabalho da semana entrante. Com um apertado cronograma de obras e um contrato extremamente confuso com o empreiteiro, você já viu, né? Dor de cabeça em cima de dor de cabeça.

– A profundidade a que as peças foram encontradas era muito grande? Acho que você sabe que pode haver relação entre profundidade de enterro das peças e de seu possível significado, vamos dizer, cultural ou religioso. Há regras religiosas que determinam o enterro das gentes ou das coisas conforme o nível hierárquico do falecido. Por exemplo, os inimigos têm covas rasas, os naturais da terra são enterrados bem mais fundo.

– Deixe-me lembrar. O manto superficial do terreno, ou seja, a sua terra vegetal não passava de dois metros. O terreno argiloso bom que procurávamos e onde estavam os achados não ficava a mais de dois metros. O terreno ruim para a escavação começava a partir de quatro metros de profundidade.

– Mas depois do início da semana você foi ao local do achado, não foi? Afinal, ele não devia distar muito dos escritórios da obra.

– Não deu para ir. Imagine que justamente nessa semana visitou a obra aquele famoso consultor internacional de obras de terra e que orientou toda a construção do açude. Aliás, nessa obra aconteceu algo de histórico.

– Ligado aos restos indígenas?

– Você está com fixação no achado indígena. O caso foi diferente. Foi a primeira vez no Brasil que se controlou a compactação de um terreno pelo Método de Hilf.

– Vocês escavaram mais nas proximidades do achado?

– Sem dúvida. A argila encontrada perto do cemitério indígena não era ideal para a obra. Tivemos de procurar mais...

–... cemitérios indígenas?

– Não, não. Terrenos argilosos adequados à construção.

– E nos dias subsequentes: vai me dizer que você não foi ver os restos pré-históricos?

– E você não sabe que é nas sextas e sábados que a bruxa anda à solta nas obras, devido à enorme carga de trabalho acumulado, é preciso produzir duplamente nesses dois dias para que a semana entrante não fique sobrecarregada. São ordens de serviço para serem liberadas, atualizações de cronograma etc. etc. Não se esqueça que eu tinha sob minha responsabilidade um controle de despesas de vários milhões de cruzeiros por mês.

– Tá bom, Alex, eu sei, o ritmo, o envolvimento em uma obra desse tipo é extremamente absorvente e mesmo alucinante. Mas restou um dia, um dia seu, só seu: o domingo. Vai me dizer que nem nesse dia você foi visitar o achado indígena?

– E por acaso nesses dias não existem as famílias? Quem iria dar assistência à minha Maria, se não eu? Você a conhece. Se eu inventasse de levá-la no domingo ao local da obra seria convite ao divórcio na certa. Não, eu não fui ver as urnas do cemitério, restos de civilizações, ou seja, lá o que fosse. Não deu para ir. Soube depois que alguns estudantes de uma faculdade de uma cidade próxima foram ao local do achado e levaram o material para um museu. Soube também que esse material se conservou com pequena deterioração devido ao fato do material terroso envolvente ser argiloso. Já lhe falei do material, você precisava ver a curva do gráfico tensão-deformação daquele solo.

O mirabolante caso do duplo custo nulo em uma obra de solos

O autor deste livro foi convidado para visitar uma obra em andamento, uma pequena barragem de terra em um rio com o objetivo de represar água para o sistema de abastecimento de uma cidade de porte médio. Essa barragem tinha uns trezentos metros de extensão, uma altura de uns quatro metros e uma seção de corpo de uns trinta metros quadrados. O prefeito que fez o convite queria minha opinião sobre a qualidade da obra. Como eu estava fazendo uma outra consultoria para a cidade, coloquei as horas de minha visita à obra da barragem como parte do outro trabalho. Engenharia gratuita, jamais... O prefeito concordou.

Chegando à obra da barragem, notei que o volume do material escavado era enorme, visivelmente maior do que precisaria ser. A construtora responsável pela execução de toda a obra fora contratada pelo sistema de preços unitários, ou seja, cobrava pelo volume escavado. Avisei ao colega da prefeitura anfitriã que me acompanhava o volume aparentemente extremamente exagerado de material escavado, mas a resposta dele foi:

– Isso não é problema, pois vamos usar o material escavado em um aterro aqui perto. Face a esse reúso da terra o custo da escavação resulta quase nulo... Nós temos uma visão integrada de meio ambiente. Reusamos tudo o que for possível...

Fui então visitar o aterro, que também era enormemente grande. Lembremos que essa obra de feitura do aterro também era paga à construtora pelo sistema de preços unitários do material usado nesse aterro.

Pela segunda vez apontei ao colega a minha surpresa com o volume do movimento de terra do aterro, mas fui tranquilizado (?) com a seguinte explicação:

– O custo do manuseio de tanto material não nos deve preocupar, pois, como explicado, estamos usando o material retirado da escavação, ou seja, estamos ganhando esse material escavado como se fosse de graça.

Aprendi mais uma: estávamos diante de um caso de duplo custo nulo...

Sem comentários...

57 Alguns cuidados com escavações

Em publicação do órgão federal Fundacentro, as recomendações mínimas são as seguintes:

- todo serviço de escavação e fundação deve ter um responsável técnico habilitado;
- as paredes de uma escavação devem ser escoradas por estruturas firmes para garantir que não cedam;
- o solo (terra, argila, granito etc.) retirado de uma escavação deve ser depositado a uma distância superior à metade da profundidade prevista no projeto, medida a partir da borda do buraco.

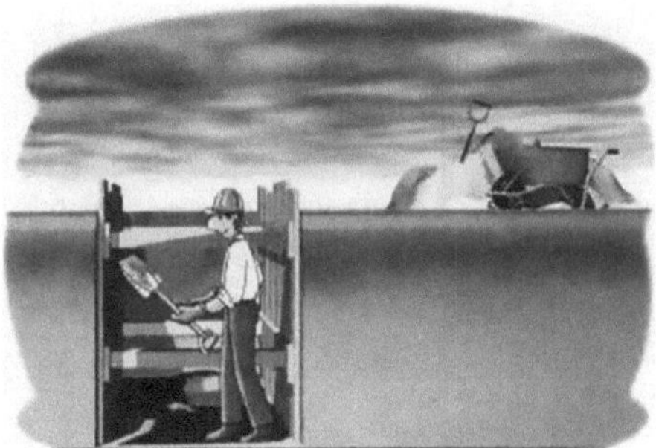

Escavações feitas em vias públicas ou canteiro de obras devem ter barreiras de isolamento em toda a sua extensão e também sinalização de emergência, inclusive à noite.

Quando se abrem tubulões com alargamento na base, a céu aberto, é obrigatório realizar estudo do solo quando a profundidade for superior a 3 m.

Anote, comente, desenhe...

58 Pensamento final

Estou me aproximando dos momentos finais da criação e produção deste livro. Aplica-se, com toda a justiça, o pensamento de um poeta:

Caminhante,
te avisamos que não há caminhos,
os caminhos se fazem ao caminhar...

M. H. C. Botelho

Anote, comente, desenhe...

59 Índice remissivo

Apresentam-se a seguir as páginas de localização dos principais conceitos expostos neste livro.

60 Plano de progresso de estudos e referências bibliográficas

Após a leitura desta cartilha, recomenda-se a leitura dos seguintes livros, que são a nossa bibliografia.

Por uma uniformidade didática, recomenda-se ao jovem leitor a seguinte ordem de leitura:

BOTELHO, M. H. C.; CARVALHO, L. F. M. **4 edifícios × 5 locais de implantação = 20 soluções de fundações**. São Paulo: Blucher, 2007.

CAPUTO, H. P. **Mecânica dos solos e suas aplicações**. São Paulo: Livros Técnicos e Científicos, 1988. 3 v.

COSTA NUNES, A. J. **Curso de mecânica dos solos e fundações**. São Paulo: Globo, 1956.

DELLA NINA, E. **Construção de redes urbanas de esgotos**. Rio de Janeiro: Ao Livro Técnico, 1966.

GUIA DA CONSTRUÇÃO. São Paulo: Pini, n. 143, jun. 2013.

MARCHETTI, O. **Muros de arrimo**. São Paulo: Blucher, 2008.

MELLO, V. F. B.; TEIXEIRA, A. H. **Mecânica dos solos**. São Carlos: Escola de Engenharia de São Carlos – USP, 1971. 2 v.

MOLITERNO, A. **Caderno de muros de arrimo**. 2. ed. São Paulo: Blucher, 1994.

PECK, R. B.; TERZAGHI, K. **Mecânica dos solos na prática da engenharia**. Rio de Janeiro: Ao Livro Técnico, 1962.

ROAD RESEARCH LABORATORY. **Mecânica dos solos para engenheiros rodoviários**. Tradução de Evelyna B. Silveira e Araken Silveira. São Paulo: Blucher, 1951. v. 1.

RODRIGUEZ ALONSO, U. **Dimensionamento de fundações profundas**. 2. ed. São Paulo: Blucher, 2012.

_______. **Exercícios de fundações**. 2. ed. São Paulo: Blucher, 2010.

_______. **Previsão e controle das fundações**. 2. ed. São Paulo: Blucher, 2011.

VARGAS, M. **Revista da Associação dos Antigos Alunos da Escola Politécnica**, São Paulo, p. 10, jan./abr. 1986.

VASCONCELOS, A. C. **Estruturas da natureza: um estudo da interface entre biologia e engenharia**. São Paulo: Studio Nobel, 2000.

MEIOS ELETRÔNICOS

ABEF – ASSOCIAÇÃO BRASILEIRA DE EMPRESAS DE ENGENHARIA DE FUNDAÇÕES E GEOTECNIA. Disponível em: <www.abef.org.br>. Acesso em: 28 ago. 2014.

ABEG – ASSOCIAÇÃO BRASILEIRA DE EMPRESAS DE PROJETOS E CONSULTORIA EM ENGENHARIA GEOTÉCNICA. Disponível em: <www.abeg.com.br>. Acesso em: 16 ago. 2016.

ABGE – ASSOCIAÇÃO BRASILEIRA DE GEOLOGIA DE ENGENHARIA E AMBIENTAL. Disponível em: <www.abge.com.br>. Acesso em: 16 ago. 2016.

ABMS – ASSOCIAÇÃO BRASILEIRA DE MECÂNICA DOS SOLOS E ENGENHARIA GEOTÉCNICA. Disponível em: <www.abms.com.br>. Acesso em: 16 ago. 2016.

Recomenda-se a leitura do livro *Manual de execução de fundações* editado pela ABEF.

Várias escolas de tecnologia, engenharia e arquitetura têm publicado suas apostilas na internet, algo valioso para o desenvolvimento do nosso meio.

Comunicando-se com o autor

O autor tem o maior interesse em saber a opinião do leitor sobre este livro, *Princípios da Mecânica dos Solos e Fundações para a Construção Civil* (texto escrito para tecnólogos, estudantes e jovens engenheiros), e solicita-se a resposta ao questionário a seguir. Depois, por favor, envie sua apreciação para:

Eng. Manoel Henrique Campos Botelho

e-mail: manoelbotelho@terra.com.br

Avaliação sobre o livro

______ não gostei ______ qualidade média ______ gostei ______ gostei muito

Comentários

____

____

____

____

____

Agora, por favor, informe os seus dados. Eles são muito importantes:

Nome ____

e-mail ______________________________________ data ____/____/______

Título profissional ______________________________ Ano de graduação __________

End. ______________________________________ n. ______ compl. _______

Cidade ______________________________ Estado ______ CEP ________–______

O autor se compromete a remeter, via e-mail, três crônicas tecnológicas de sua criação a quem enviar os dados desta folha.